Operaciones de verificación y control de productos mecánicos

Francisco Javier Luque Romera

Francisco José Entrena González

ic editorial

Operaciones de verificación y control de productos mecánicos

1ª Edición

Editado por: IC Editorial
c/ Cueva de Viera, 2, Local 3
Centro Negocios CADI
29200 Antequera (Málaga)
Teléfono: 952 70 60 04
Fax: 952 84 55 03
Correo electrónico: iceditorial@iceditorial.com
Internet: www.iceditorial.com

ISBN: 978-84-1184-986-9
Depósito Legal: MA 1164-2025

Impresión: PODiPrint
Impreso en Andalucía – España

Nota de la editorial: IC Editorial pertenece a Innovación y Cualificación S. L.

Presentación del manual

El **Certificado de Profesionalidad** es el instrumento de acreditación, en el ámbito de la Administración laboral, de las cualificaciones profesionales del Catálogo Nacional de Cualificaciones Profesionales adquiridas a través de procesos formativos o del proceso de reconocimiento de la experiencia laboral y de vías no formales de formación.

El elemento mínimo acreditable es la **Unidad de Competencia.** La suma de las acreditaciones de las unidades de competencia conforma la acreditación de la competencia general.

Una **Unidad de Competencia** se define como una agrupación de tareas productivas específica que realiza el profesional. Las diferentes unidades de competencia de un certificado de profesionalidad conforman la **Competencia General,** definiendo el conjunto de conocimientos y capacidades que permiten el ejercicio de una actividad profesional determinada.

Cada **Unidad de Competencia** lleva asociado un **Módulo Formativo,** donde se describe la formación necesaria para adquirir esa **Unidad de Competencia,** pudiendo dividirse en **Unidades Formativas.**

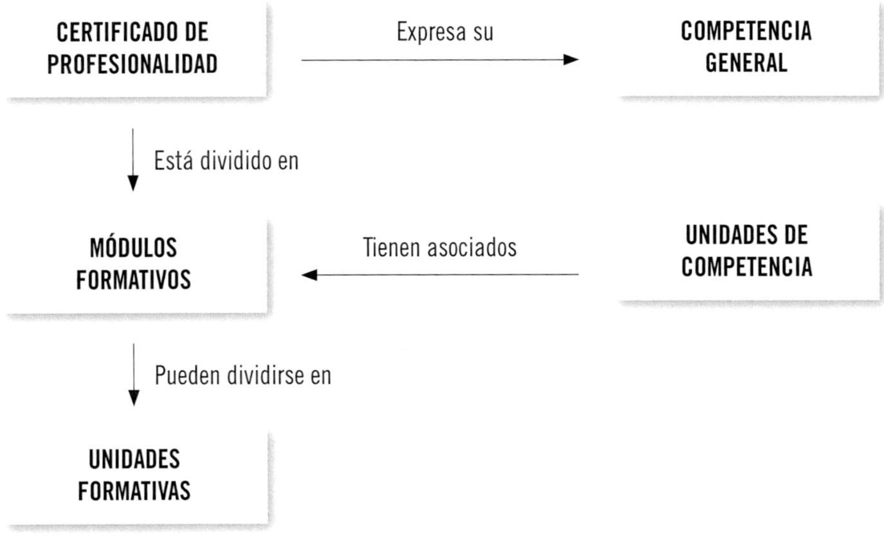

El presente manual desarrolla la Unidad Formativa **UF0446: Operaciones de verificación y control de productos mecánicos,**

perteneciente al Módulo Formativo **MF0088_1: Operaciones de montaje,**

asociado a la unidad de competencia **UC0088_1: Realizar operaciones básicas de montaje,**

del Certificado de Profesionalidad **Operaciones auxiliares de fabricación mecánica**

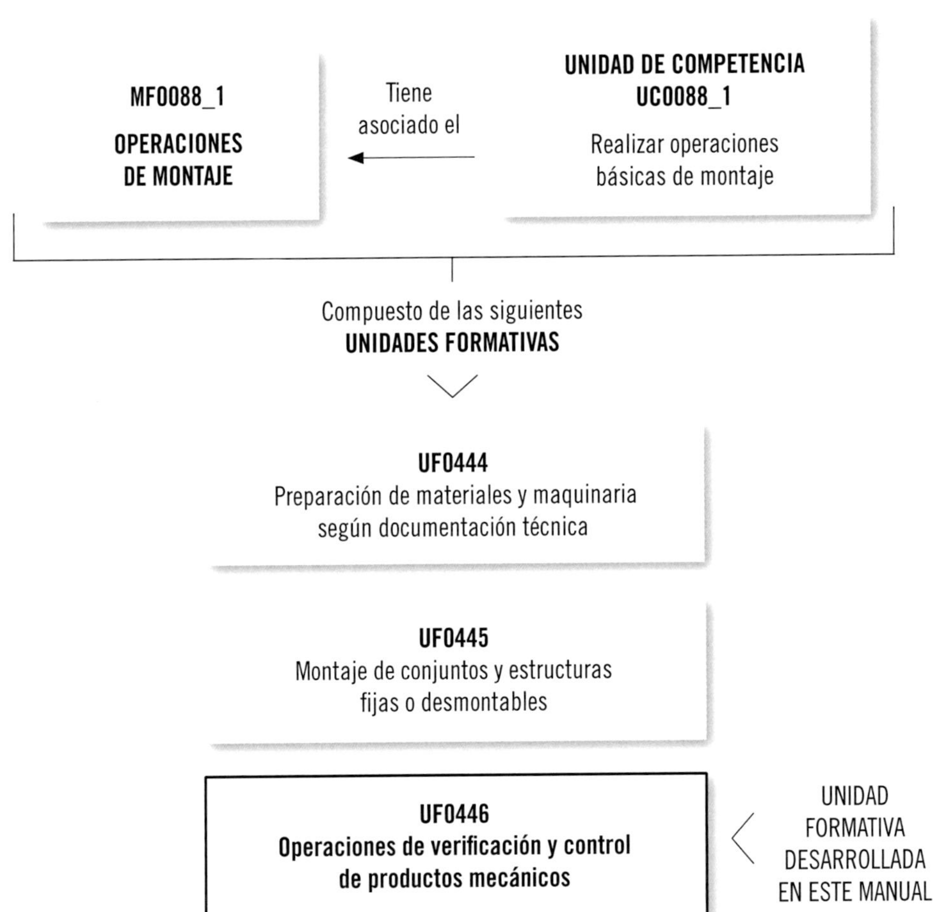

FICHA DE CERTIFICADO DE PROFESIONALIDAD

(FMEE0108) OPERACIONES AUXILIARES DE FABRICACIÓN MECÁNICA (R. D. 1216/2009, de 17 de julio)

COMPETENCIA GENERAL: Realizar operaciones básicas de fabricación, así como, alimentar y asistir a los procesos de mecanizado, montaje y fundición automatizados, con criterios de calidad, seguridad y respeto al medio ambiente

Cualificación profesional de referencia	Unidades de competencia		Ocupaciones o puestos de trabajo relacionados:
FME031_1 OPERACIONES AUXILIARES DE FABRICACIÓN MECÁNICA (R. D. 295/2004 de 20 de febrero)	UC0087_1:	Realizar operaciones básicas de fabricación	• 9700.008.4 Peones de la industria metalúrgica y fabricación de productos metálicos • 8414.007.8 Montador en líneas de ensamblaje de automoción • 9700.001.1 Peones de industrias manufactureras • Auxiliares de procesos automatizados
	UC0088_1:	Realizar operaciones básicas de montaje	

Correspondencia con el Catálogo Modular de Formación Profesional

Módulos certificado	Unidades formativas	Horas
MF0087_1: Operaciones de fabricación	UF0441: Máquinas, herramientas y materiales de procesos básicos de fabricación	80
	UF0442: Operaciones básicas y procesos automáticos de fabricación mecánica	90
	UF0443: Control y verificación de productos fabricados	50
MF0088_1: Operaciones de montaje	UF0444: Preparación de materiales y maquinaria según documentación técnica	60
	UF0445: Montaje de conjuntos y estructuras fijas o desmontables	90
	UF0446: Operaciones de verificación y control de productos mecánicos	30
MP0095: Módulo de prácticas profesionales no laborales		40

Índice

Capítulo 1

Instrumentos de medición y control

Contenido

1. Introducción

En los procesos de fabricación mecánica se mecanizan y fabrican piezas de distintas medidas, formas, materiales, etc. Estas piezas cada vez se producen con mayor precisión y menor tolerancia.

Para conseguir este tipo de piezas, se deben realizar unos controles durante el proceso de fabricación, así como en las operaciones de montaje de sus medidas y tolerancias, por lo que es imprescindible conocer los sistemas de medición empleados y los instrumentos que se utilizan para su verificación y control.

A lo largo de esta unidad se van a explicar los instrumentos de verificación más empleados en las operaciones de montaje y la forma de utilizarlos.

2. Instrumentos de verificación

Los instrumentos de medición y verificación son aquellos a los que se recurre para poder medir un elemento cualquiera, bien sea de forma directa o indirecta. En este apartado, se estudiarán los principales instrumentos de medición directa e indirecta o de comparación.

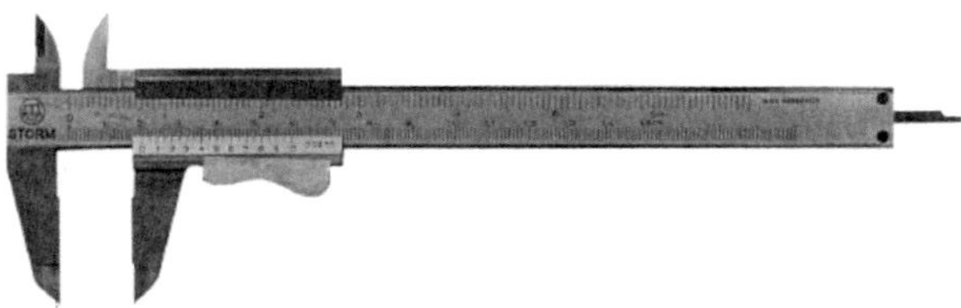

Los instrumentos de medición y verificación miden desde un tornillo hasta un engranaje.

2.1. Instrumentos de medición directa

Las mediciones que se obtienen directamente del instrumento de medición se denominan mediciones directas, con lo cual, los instrumentos con los que se obtienen dichas mediciones quedan definidos como instrumentos de medición directa.

Los más utilizados en las operaciones de montaje son:

- Reglas.
- Metros.
- Calibre o pie de rey.
- Micrómetro o pálmer.
- Goniómetros.
- Manómetros.
- Pirómetros

Reglas graduadas

Es una de las herramientas fundamentales empleadas para la medición. Básicamente, se utilizan para trazar, medir y señalar elementos.

Las reglas graduadas también se utilizan para comprobar el grado de planicidad que tiene una determinada pieza.

Se fabrican principalmente de acero, plástico o madera. Tienen forma rectangular y llevan inscritas a uno o ambos lados de la regla una escala.

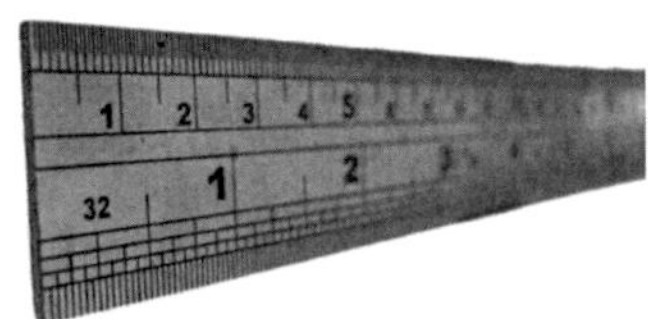

Esta escala normalmente está dentro del sistema internacional de medida y su medición se realiza en milímetros (mm), siendo su separación numérica en centímetros (cm).

El metro

Uno de los elementos más prácticos para realizar mediciones directas, por su longitud y manejabilidad, es el metro. Consiste en una tira rectangular metálica, de madera o de plástico, que tiene grabada la escala y que, a diferencia de la regla, puede llegar como su propio nombre indica, desde un metro a varios de ellos.

Tipos de metro

Según su forma y su composición, los podemos dividir en diferentes tipos:

	Nombre	Rango de uso habitual
Tipos de metro	Cinta métrica	Hasta 100 m
	Articulado	Hasta 2 m
	Flexómetro	Hasta 10 m

Sabía que...

La denominación de *metro* proviene de que la medida mínima que debe tener este elemento de medición directa es de 1 m y que puede llegar a medir hasta diez. Si los superara, pasaría a llamarse cinta métrica.

Cinta métrica

La cinta métrica se compone de una tira de cinta graduada de material textil, muy utilizada en trabajos de confección.

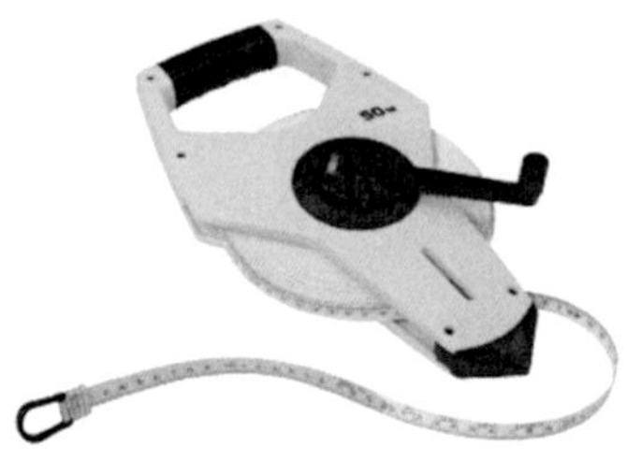

Cinta métrica de acero

Metro articulado

El metro articulado consiste en una serie de apéndices o partes de metros unidos entre ellos por los extremos para formar articulaciones, las cuales se pueden plegar para que una vez recogido el metro, ocupe por el menor espacio posible.

El metro articulado también está graduado a lo largo de dichos apéndices.

Flexómetro

Es el metro más utilizado dentro de la familia profesional mecánica. Consiste en una cinta metálica, flexible y graduada, que se enrolla sobre sí misma en torno a un mecanismo retráctil en el interior de una coraza. Con lo cual, cuando esta cinta se despliega, una vez que se ha terminado de medir y se desea que vuelva a su estado original, este mecanismo retráctil consigue volver a enrollar la cinta.

Actualmente, existen flexómetros digitales que indican la medición en una pantalla LCD para una lectura más fácil.

Aplicación práctica

Le encargan la medición de varios objetos como un tornillo, una pared y el ancho de una camiseta. ¿Qué equipo utilizaría en cada caso?

SOLUCIÓN

El que mejor se ajuste al tamaño del objeto a medir:

- Tornillo: con una regla.
- Pared: con el flexómetro.
- Ancho de una camiseta: cinta métrica.

El calibre o pie de rey

Dentro de los elementos de medición directa, el calibre o pie de rey es uno de los más precisos. Existen calibres que indican la medición en una pantalla digital para una lectura más precisa y fácil.

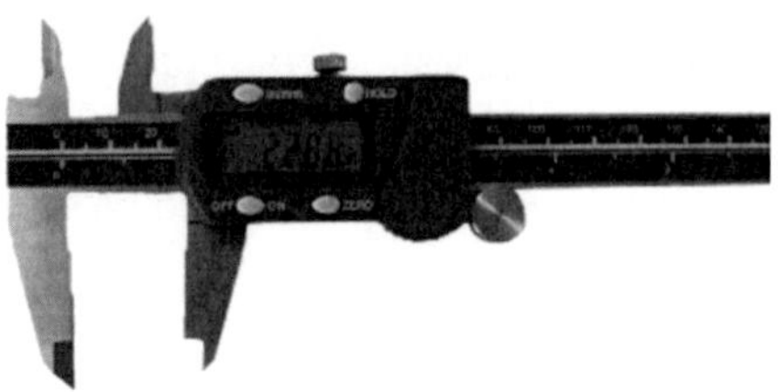

El funcionamiento del calibre es muy sencillo a la vez que exacto.

Sabía que...

Además de calibre y pie de rey a este instrumento se le conoce como cartabón de corredera y vernier.

El pie de rey consiste en una regla graduada por ambas partes (superior e inferior). La parte inferior está graduada en milímetros y la superior en pulgadas. Esta regla termina en uno de sus extremos en dos escuadras a distinto nivel, que servirán como apoyo fijo a la hora de hacer tanto mediciones externas como internas. Sobre esta regla se coloca otra regla desplazable la cual también estará marcada con dos graduaciones a nivel superior y a nivel inferior denominadas **nonios.**

Importante

El nonio de la parte inferior marcará la medida en milímetros y el nonio de la parte superior marcará la medida en pulgadas.

Por otro lado, si lo que interesa es medir profundidades, en la parte opuesta a las escuadras fijas (antes determinadas), cuando separamos las bocas de medición, sobresaldrá una barra que nos indicará la profundidad del elemento a medir.

Partes del calibre

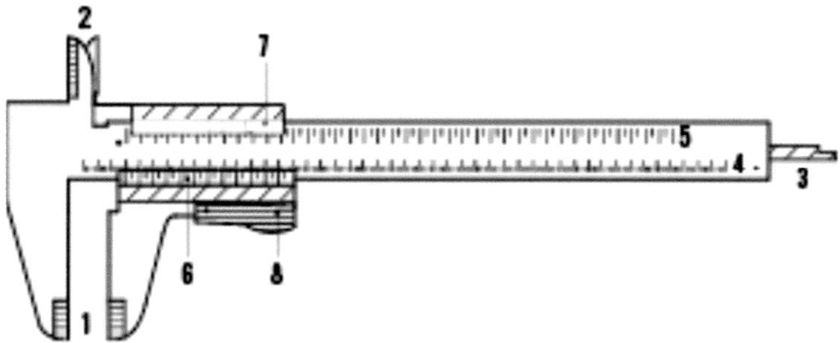

1. Bocas de medición externa, en las cuales encontramos una fija y otra móvil.
2. Bocas de medición interna u orejetas, en las cuales también existe una fija y otra móvil.
3. Barra de medición de profundidades, la cual mientras más se abra el calibre, más cantidad de barra saldrá hacia fuera.
4. Escala con división en milímetros, en la cual cada diez milímetros marcará un centímetro. Estos son los números que llevará grabados (cm).
5. Escala con división en pulgadas y fracciones de pulgada.
6. Nonio, para interpretar la medida en milímetros realizada.
7. Nonio, para interpretar la medida en fracciones de pulgada realizada.
8. Freno y palanca de desplazamiento.

Sabía que...

Una pulgada equivale a 25,4 mm.

El Nonio

Para entender y aplicar bien el funcionamiento del pie de rey hay que comprender tanto el significado como la aplicación del nonio.

Sobre la regla fija del pie de rey, se insertan dos escalas graduadas una en milímetros (parte inferior) y otra en pulgadas (parte superior). Acoplado a esta regla fija se coloca un carro desplazable el cual también lleva grabadas (en milímetros y pulgadas) dos escalas en la posición correspondiente a las anteriores (ver Figura 1). A cada una de estas escalas se las denomina nonio o vernier.

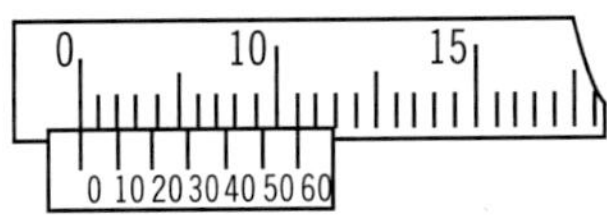

Figura 1.

Sabía que...

El término nonio se aplica más en términos técnicos e industriales y el término vernier se utiliza más en la enseñanza.

El nonio o vernier, consiste en una escala desplazable la cual no tiene la misma separación en marcaciones que la escala grabada en la regla fija.

Ejemplo

Se puede tener un pie de rey con un nonio de 10 divisiones:

Y otro pie de rey con un nonio de 20 divisiones.

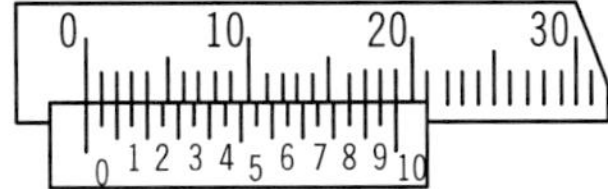

El primer nonio tiene una precisión de 0,1 mm, mientras que el segundo tiene una precisión de 0,05 mm. Cuanto mayor sea el número de divisiones de un nonio, mayor será la precisión que este aportará en una medida.

El micrómetro o pálmer

El micrómetro también conocido como pálmer es uno de los elementos de medición directa con mayor precisión. En su exactitud puede llegar a medir hasta una milésima de milímetro (0,001 mm).

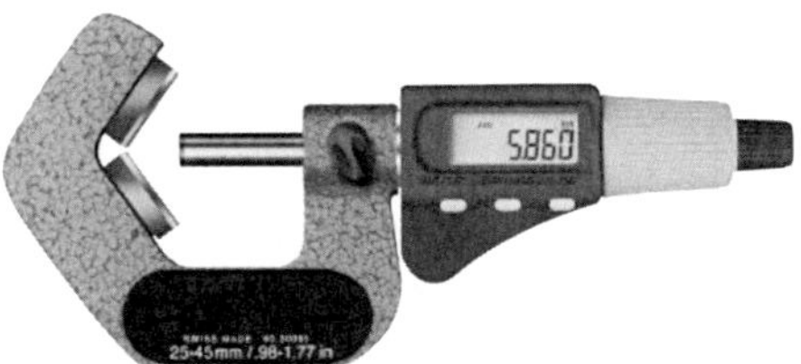

Al igual que ocurre con el pie de rey, existen micrómetros digitales que facilitan la lectura de la medición.

Sabía que...

El nombre de pálmer proviene del mecánico francés Jean Laurent Palmer, inventor del calibre de tornillo con nonio circular en 1848.

El mecanismo de medición consiste en un tornillo sin fin o husillo, roscado sobre una tuerca fija alojada en el cuerpo o marco de sujeción. La parte trasera del husillo está alojada dentro de un cubo o manguito de medición graduado en milímetros. Sobre el husillo estará grabada otra escala graduada también en milímetros.

Detalle de un micrómetro o pálmer.

La parte delantera del micrómetro está constituida por un marco o cuerpo con forma de hoz terminado en un asiento fijo (también llamado yunque), al cual se le aproximará o se le alejará el tornillo roscado o husillo, dependiendo del grosor que tenga la pieza a medir. Una vez asentada la pieza entre el yunque y la base del husillo se procede a su medición la cual está determinada por la comparación de las dos escalas graduadas grabadas en la parte trasera del micrómetro.

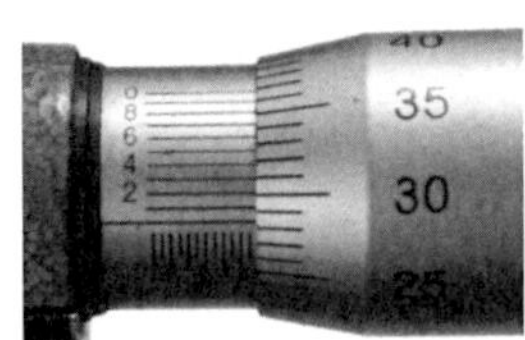

Las partes que componen un micrómetro o palmer se observan en la Figura 2.

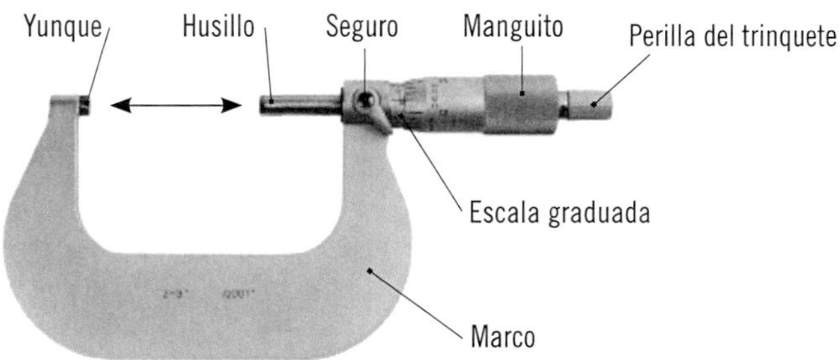

Figura 2.

1. Cuerpo o marco de sujeción
2. Tornillo sin fin o husillo: es la base desplazable.
3. Asiento fijo o yunque: es la base fija sobre la cual se apoya la pieza a medir.
4. Seguro: es el elemento con el cual se fija el micrómetro para mantener fijo el husillo.
5. Escala graduada: Separada en dos partes, una parte superior que expresa los milímetros y otra inferior que expresa las divisiones.
6. Cubo o manguito de medición: es el elemento giratorio con escala grabada y con el cual se gradúa el palmer
7. Perilla de trinquete: es el elemento que aprieta para asegurar la medición.

A la hora de realizar mediciones, existen dos tipos diferentes de micrómetros dependiendo del tipo de medida que se va a realizar. Pueden ser:

- Para realizar medidas exteriores.

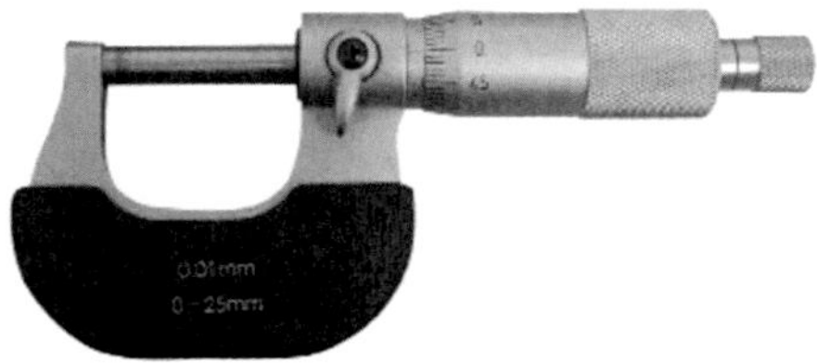

- Para realizar medidas interiores.

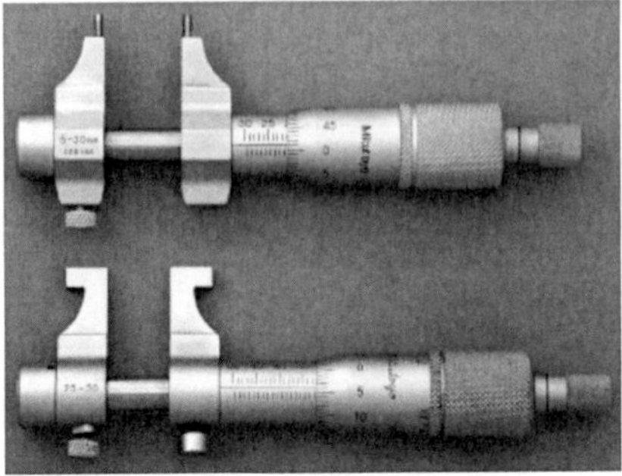

Aplicación práctica

Usted está trabajando en una cadena de montaje de motores y tiene que realizar mediciones para seleccionar el tipo de casquillo de bancada adecuado, ¿qué herramienta utilizaría?

SOLUCIÓN

Teniendo en cuenta que habrá que realizar medidas de hasta centésimas de milímetro, se debe utilizar el instrumento de medición más exacto, es decir, el micrómetro.

El transportador de ángulos y goniómetro

No solo existen elementos de medición directa para medir dos puntos rectos entre sí, sino que también se pueden acotar por ángulos. Existen dos formas principales de realizarlo:

- **Con un transportador de ángulos:** es un semicírculo que lleva grabada una escala de 0° a 180° sexagesimales y en cuyo centro se coloca un punto de rotación para poder transportar el ángulo medido, en un principio, de un punto a otro.

- **Con un goniómetro:** a diferencia del transportador de ángulos, elimina el semicírculo y trabaja con un círculo completo, por lo tanto, las medidas apreciadas por el goniómetro oscilan entre 0° y 360°.

El goniómetro consiste en un círculo con una escala grabada de 0° a 360°, el cual lleva acoplada una regla desplazable. Las mediciones de ángulos las realizará dicha regla, en su movimiento de rotación alrededor del círculo.

Sabía que...

El goniómetro se ha utilizado con frecuencia en la industria náutica para la interpretación de las cartas de navegación.

Aplicación práctica

Usted se encuentra trabajando en un taller de montaje y tiene que ensamblar dos piezas. Según el manual de instrucciones, los tornillos llevan un apriete de 220°, ¿qué herramienta utilizaría para la comprobación del ángulo de giro aplicado?

SOLUCIÓN

Teniendo en cuenta que el giro es superior a 180° debería utilizar el goniómetro.

El manómetro

El manómetro es un instrumento utilizado para medir tanto presiones hidráulicas como neumáticas, de forma que suple las necesidades de medir presiones que puedan surgir en un taller de montaje de elementos mecánicos. Cabe destacar que el manómetro nos indicará la presión manométrica, es decir, comparará la presión real con la atmosférica. Existen manómetros tanto digitales como analógicos.

El manómetro sirve para medir la presión cuya unidad en el Sistema Internacional es el pascal (Pa).

Definición

Presión
Magnitud física que expresa la fuerza ejercida por un cuerpo sobre la unidad de superficie. Por tanto, la presión determina la fuerza aplicada a la superficie sobre la cual actúa.

Dependiendo de la presión a medir, la escala de los manómetros variará. Si la medida es para circuitos neumáticos, dicha escala oscilaría como máximo entre 250 y 300 bares, mientras que, si la medida se produce sobre circuitos hidráulicos, esta escala oscilaría como máximo entre 450 y 500 bares.

Nota

El bar es la unidad de medida de la presión más utilizada. Tiene un valor muy próximo a la atmósfera, siendo este equivalente a 0,99 atmósferas o 100.000 pascales.

Los manómetros se suelen utilizar, bien conectándolos mediante un latiguillo o tubería al elemento que genera presión, o bien incorporados en las herramientas de presión, como puede ser una prensa hidráulica.

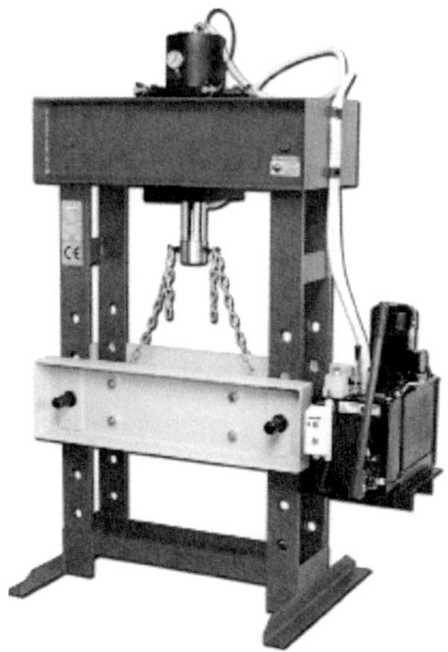

Prensa hidráulica con manómetro incorporado.

Pirómetros

Los pirómetros son aparatos utilizados para medir la temperatura de un objeto sin necesidad de estar en contacto físico. Su capacidad de medición puede oscilar entre los -50 °C y 4.000 °C. Normalmente, se suelen utilizar para medir temperaturas de objetos sólidos que superan los 500 °C.

Existen tres tipos de pirómetros distintos, dependiendo del sistema de medición de temperatura:

1. De radiación.
2. Ópticos.
3. De infrarrojos.

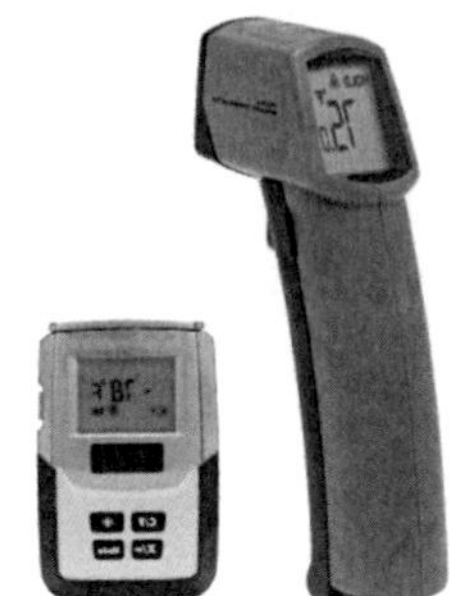

2.2. Instrumentos de medición indirecta

Cuando se quiera realizar una medición en una pieza (como por ejemplo si posee un ángulo recto de 90°) y se tome un elemento de medida que posea ya en sí mismo una medida determinada (por ejemplo, la escuadra para comprobar el ángulo), la medida obtenida se entiende como una medida por comparación. Los instrumentos utilizados para realizar estas mediciones se conocen como **instrumentos de medición indirecta.**

Los principales elementos de medición utilizados en las operaciones de montaje son:

- Reloj comparador o cuadrante.
- Escuadras.
- Peines de roscas.
- Galgas de espesores.
- Mármol de ajustador.
- Calibres pasa/no pasa.

Comparadores o relojes comparadores

Los comparadores son unos de los elementos imprescindibles a la hora de hacer mediciones indirectas.

Consisten en una esfera graduada por una escala dividida en 100 partes de milímetro, por lo cual la apreciación obtenida se puede expresar en centésimas de milímetro. De la parte inferior de la esfera, sobresale un eje desplazable en su longitud, el cual en su movimiento se verá reflejado en la escala graduada de la esfera, permitiendo la medición de minúsculas variaciones en las piezas a medir. Esta acción permitirá, utilizando la comparativa, las diferentes holguras y desplazamientos en los planos de las distintas piezas examinadas.

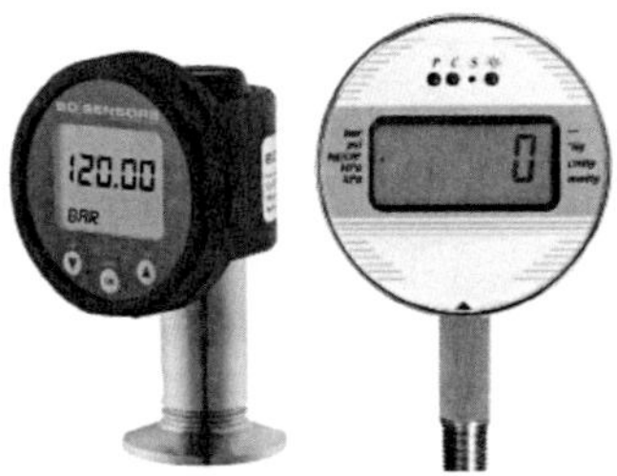

Como en la mayoría de los instrumentos de verificación existen también comparadores digitales que facilitan la medición.

El alexómetro

Dentro de la familia de los relojes comparadores existe un elemento de medición indirecta denominado alexómetro. Tiene la misma capacidad de medida que el reloj comparador, pero a diferencia de este, permitirá medir las diferentes variaciones que se producen en el interior de los mecanizados de las piezas.

El alexómetro indica diámetros y oscilaciones en el interior de las piezas.

El alexómetro consiste en la asociación de un reloj comparador y una prolongación, en cuya terminación va acoplado un palpador regulable o intercambiable, terminado en T, el cual transmite sus desplazamientos al reloj comparador a través del eje prolongable.

Sabía que...

El alexómetro se utiliza para medir las camisas interiores de los cilindros, para verificar su conicidad u ovalación.

Palpadores

Los palpadores son dispositivos o accesorios de contacto que se emplean como ayuda a los relojes comparadores para determinar medidas.

Los palpadores tienen varias formas y tamaños dependiendo del objeto a medir.

Escuadras

Las escuadras son unos elementos compuestos por dos reglas unidas entre sí formando un ángulo. Como cualquier elemento de medición indirecta, su función es utilizar la comparativa, para hallar una medición real, en este caso, la comparación se produce entre diferentes ángulos. Su fabricación en acero las hace apropiadas para adaptarlas a cualquier tipo de ángulo, encontrados en las diferentes piezas a ensamblar.

El ángulo más común en las escuadras es el de 90º o ángulo recto, aunque también se pueden encontrar escuadras a diferente gradiente para poder trabajar distintos ángulos.

El trabajo a realizar con la escuadra se produce al colocarla con la perpendicular de la pieza a medir, situada a contraluz. Si la medida es exacta, no se apreciarán los rayos de luz entre la pieza y la escuadra, si por el contrario la medida es inexacta, se apreciarán la claridad de la luz entre la escuadra y la perpendicular.

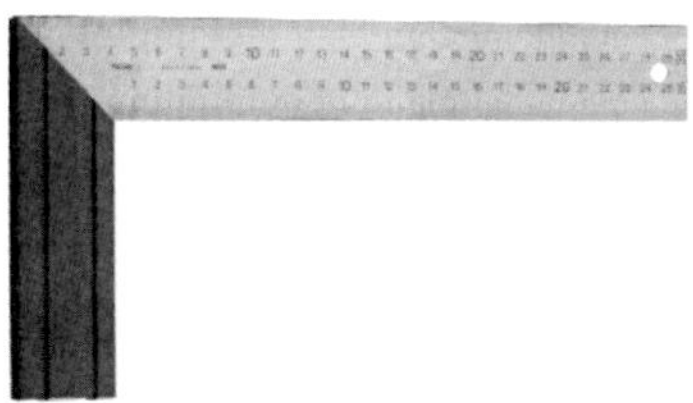

Calibre o peine de rosca

Los peines de rosca son un conjunto de láminas de acero, las cuales llevan en su parte inferior talladas unas hendiduras, cuyo paso coincide con cada uno de los pasos de los tornillos a medir. De esta forma, se puede determinar el tipo de tornillo y paso de rosca que se está manipulando.

Sabía que...

Cuando se habla de paso de un tornillo se refiere a la separación entre dos aristas helicoidales de dicho tornillo.

A la hora de medir un tornillo con un peine de rosca hay que tener en cuenta que la medida se puede obtener en milímetros, o bien, en pulgadas. Cuando el paso del tornillo es apreciable en milímetros, se identificará con un peine de rosca de **paso métrico.** Mientras que, si el paso del tornillo es apreciable en pulgadas, se identificará con un peine de rosca de **paso Whitworth.**

A la hora de medir un tornillo hay que tener en cuenta que el peine de rosca solo mide el paso del tornillo, por lo que para realizar una medición completa hay que realizar una medición adicional con el calibre o con el micrómetro de su diámetro y tamaño.

Aplicación práctica

El encargado del taller en el que trabaja le indica que a la taladradora vertical se le ha perdido un tornillo y provoca vibraciones. Le ordena que lo repare pero le hace la observación de que el tornillo tiene que ser de la medida justa, ya que si es más largo provocará daños internos y si es más corto no realizará la sujeción correcta. ¿Cómo seleccionará el tornillo adecuado?

SOLUCIÓN

Teniendo en cuenta que además de verificar el tipo de rosca, tendrá que utilizar instrumentos de medición para interiores y para exteriores, deberá utilizar un calibre para medir la profundidad y el diámetro del orificio y un peine de rosca para seleccionar la rosca correcta. Así se podrá seleccionar el tornillo correcto.

Galgas de espesores

Para medir el juego u holgura que existe entre dos elementos separados por una hendidura se utilizan las galgas de espesores.

Las galgas de espesores son una serie de láminas de acero calibradas a distinto espesor, unidas en un extremo por un tornillo pasante y regulable, quedando libre el otro extremo para poder seleccionar la galga o galgas correspondientes para poder medir el hueco determinado.

Las diferentes galgas están calibradas en milímetros. Las hay de diferentes espesores, pero las más usuales oscilan entre los 0,05 y 1 mm.

A la hora de realizar la medición, se escogerán una o más galgas dependiendo de la holgura existente y se pasarán por la hendidura. La suma de los valores de las galgas dará lugar a la medición.

Sabía que...

Uno de los usos más comunes de las galgas de espesores en el ámbito de la mecánica es el reglaje de las válvulas de un motor de combustión interna.

Mármol de ajustador

Cuando hablamos de mármol de ajustador nos referimos a una base plana, que nos servirá para verificar por comparación el plano que tiene una determinada pieza en su superficie. Si una vez colocada la pieza sobre la base plana y a trasluz, los rayos de luz pasan entre la pieza y el mármol, se podrá determinar que la pieza a medir tiene una determinada ovalación. Podemos dividir los mármoles de ajustador en dos tipos, dependiendo del material con el que se hayan fabricado: granito y hierro fundido.

Calibres pasa/no pasa

Los calibres pasa/no pasa son herramientas precalibradas a un tamaño ya establecido. De esta forma, se puede determinar un límite de tamaño ya sea inferior o superior. Se suelen utilizar para la medición de diámetros de agujeros. Su forma de utilización consiste en introducirlo en el agujero donde se somete a la condición de *si pasa* o *no pasa* por el orificio. De esta forma se puede saber si la pieza está dentro de los límites permitidos.

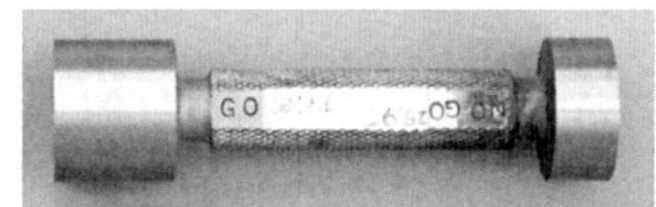

Sabía que...

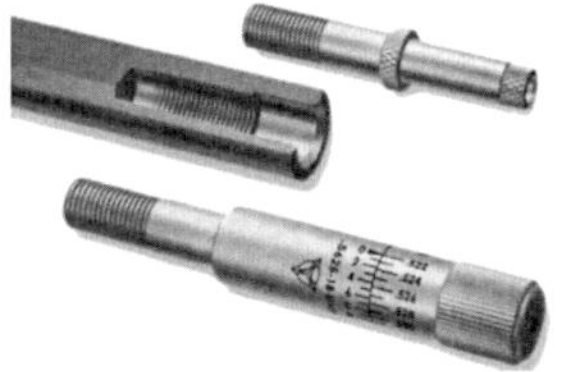

Existen calibres pasa/no pasa para medir roscas. Su utilización consiste en que una rosca debe pasar con normalidad si se intenta roscar como si fuera un tornillo y la otra no debe permitir el paso de más de dos hilos si se intenta roscar, debido a que la rosca se atrancaría.

2.3. Calas o bloques patrón

Los bloques patrón, también conocidos como calas patrón, son bloques macizos de forma rectangular que tienen una determinada medida de gran precisión. Normalmente se fabrican en acero, aunque también se fabrican de carburo de tungsteno y cerámicos.

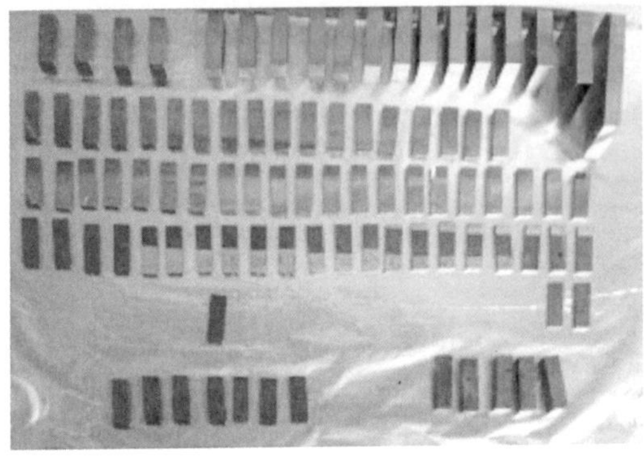

Los bloques patrón se emplean para la calibración de instrumentos de medida como, por ejemplo, el micrómetro, aunque también pueden utilizarse para calibrar instrumentos de medición electrónicos empleados en laboratorios. Lógicamente, esto dependerá de la clase de precisión y de su tolerancia.

Sabía que...

Las caras de los bloques patrón tienen tal nivel de acabado que pueden adherirse unos a otros con el simple hecho de deslizarlos entre ellos.

Calas patrón angulares

Las calas patrón angulares son similares a los bloques patrón longitudinales. Están fabricadas en forma de cuña para determinar el ángulo deseado. Existen de diferentes modelos y tamaños, pero gracias a su nivel de acabado se pueden acoplar entre ellos.

Sabía que...

La precisión del ángulo de un bloque patrón angular oscila entre ± 1" y 1/4", es decir, entre ± 1 y 1/4 segundos de grado.

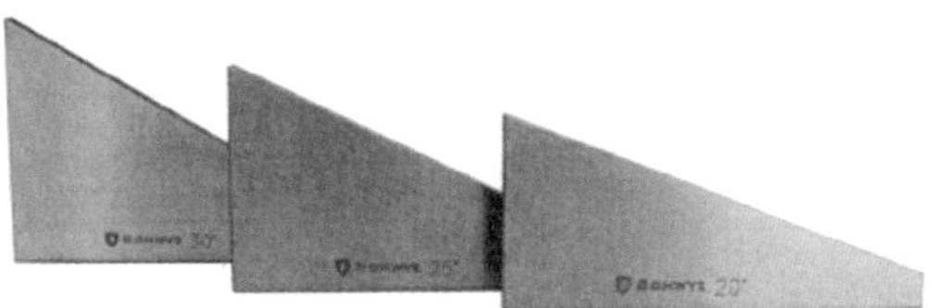

La posibilidad de acople de las calas patrón permite obtener multitud de combinaciones angulares.

?

Sabía que...

Un grado es la amplitud del ángulo que resulta al dividir en 90 partes iguales un ángulo recto. Su símbolo es °.

Un minuto es la amplitud del ángulo que resulta al dividir en 60 partes iguales un ángulo de un grado. Su símbolo es '.

Un segundo es la amplitud del ángulo que resulta al dividir en 60 partes iguales un ángulo de un minuto. Su símbolo es ".

3. Verificación dimensional de conjuntos

Este concepto se estudiará más a fondo en posteriores capítulos. En cualquier caso, el hecho de realizar una verificación en un componente mecánico consiste en determinar si cumple con una norma o patrón establecido. Este término incluye también su medición y comparación con otro en caso necesario.

Teniendo en cuenta el tipo de mediciones que se pueden realizar en un conjunto, se puede dividir en los siguientes subgrupos:

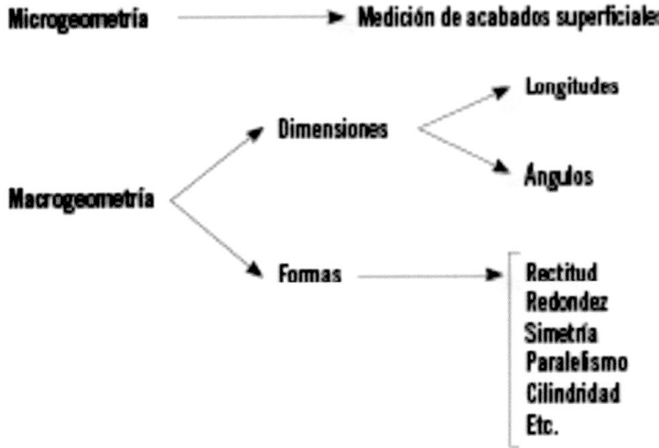

Según lo anteriormente expuesto, se podría definir como verificación dimensional al conjunto de medidas realizadas, tanto longitudinales como angulares, a una pieza u objeto.

En las operaciones de montaje se garantiza, al realizar estas mediciones, tanto la concordancia de la materia prima o el producto fabricado, como del conjunto, una vez ensamblado y terminado.

4. Procesos de verificación y control de medidas

En los últimos años, el desarrollo en la fabricación de piezas mecánicas ha avanzado mucho y lógicamente esto repercute en sus operaciones de montaje.

Se podría decir que primero, tanto la fabricación como el ensamblaje, se hacían de forma artesanal y el control de las medidas se tenía en un segundo plano y solo para las piezas más complejas o que debían realizar una función muy específica. Con el paso de los años, estos tipos de trabajos se fueron especializando, dando lugar a talleres en los que se fabricaba y ensamblaba en serie con piezas intercambiables, creando así la necesidad de controlar las medidas (metrotecnia).

En la actualidad, existen gran cantidad de piezas con formas y tamaños distintos. Esto no solo da lugar a que existan gran cantidad de instrumentos de verificación como los ya explicados con anterioridad, sino que, además, existan diferentes técnicas y procedimientos de medición.

Y si se tiene en cuenta las tolerancias de montaje de los conjuntos, que cada vez son más exactos, o el acabado superficial de las piezas, se pueden necesitar medidas de milésimas de milímetros con lo que se necesitarían técnicas de medición muy específicas.

Dada la complejidad de utilización de los equipos de medición y de los diferentes procesos que se pueden emplear para realizar la verificación de un conjunto, en el siguiente capítulo se desarrollarán las diferentes técnicas más usuales empleadas en los talleres de fabricación y montaje.

5. Resumen

En conclusión, a lo largo del capítulo se ha visto que:

- Existen dos grandes grupos de instrumentos de medición y verificación, dependiendo de si la medición de la pieza se realiza directa o indirectamente.
    - Aparatos de medición directa:
        - Reglas.
        - Metros.
        - Calibre o pie de rey.
        - Micrómetro o pálmer.
        - Goniómetros.
        - Manómetros.
        - Pirómetros

- Aparatos de medición indirecta:
  - Reloj comparador o cuadrante.
  - Escuadras.
  - Peines de roscas.
  - Galgas de espesores.
  - Mármol de ajustador.
  - Calibres pasa/no pasa.

- El instrumento de verificación a utilizar dependerá de las características de la pieza y la precisión con la que se quiera medir.
- En la actualidad existen instrumentos de medición electrónicos que, además de aportar más exactitud que los instrumentos analógicos tradicionales, facilitan al operario la lectura de la medición.
- Para realizar una medición de precisión, es imprescindible que los instrumentos de verificación estén en perfecto estado y calibrados.

Ejercicios de repaso y autoevaluación

1. ¿Cuál de los siguientes instrumentos de medida se utiliza para la medición directa?

a. Una regla.
b. Un calibre o pie de rey.
c. Un micrómetro.
d. Todas las opciones son correctas.

2. ¿Qué tipos de medidas se pueden realizar con un calibre o pie de rey?

a. Medidas exteriores e interiores.
b. Medidas interiores y de profundidad.
c. Medidas exteriores, interiores y de profundidad.
d. Medidas exteriores y de profundidad.

3. Señale la respuesta correcta. Un nonio con 20 divisiones...

a. ... no existe.
b. ... es más exacto que uno con diez divisiones.
c. ... solo representa la medición en pulgadas.
d. ... solo representa la medición en milímetros.

4. ¿Qué es el yunque de un micrómetro?

a. Es la base sobre la que hay que apoyar la pieza a medir.
b. Es la base donde se aloja la perilla del trinquete.
c. Es la base donde hay que golpear para realizar la medición.
d. Es la zona donde se encuentra la escala graduada.

5. ¿Qué es un goniómetro?

a. Es un metro de gran tamaño.
b. Es un instrumento de medida indirecta.
c. Es un instrumento de medida angular que oscila entre 0° y 360°.
d. Es un instrumento de medida angular que oscila entre 0° y 180°.

6. Con respecto a la esfera graduada de un reloj comparador, ¿qué afirmación es correcta?

a. Se divide en 100 partes.
b. Se divide en 10 partes.
c. Cada división representa una décima.
d. Cada división representa un milímetro.

7. ¿Qué es un palpador?

a. Es un equipo que se emplea para calibrar el reloj comparador.
b. Es un accesorio que se emplea para realizar medidas en los relojes comparadores.
c. Es un equipo que se emplea como base al mármol de ajustador.
d. Consiste en una esfera calibrada que representa la décima parte de la medición.

8. Para medir el paso de rosca de un tornillo o una tuerca...

a. ... se utilizará el calibre de exteriores para el tornillo y el de interiores para las tuercas.
b. ... se utilizará el peine de rosca.
c. ... se utilizará el calibre pasa/no pasa.
d. ... se utilizarán las galgas de espesores para medir la distancia entre los filos de las roscas.

9. ¿Para qué se utiliza un mármol de ajustador?

a. Para ajustar holguras entre las uniones de dos o más piezas
b. Para ajustar los alexómetros.
c. Para verificar superficies planas.
d. Para verificar superficies con el goniómetro.

10. ¿Para qué sirve un bloque patrón?

a. Sirve como ayuda para realizar medidas con los alexómetros.
b. Sirve para realizar medidas con los relojes comparadores.
c. Para la calibración de instrumentos de medida.
d. Sirve para diferenciar los calibres pasa/no pasa.

Capítulo 2

Operaciones básicas de control de calidad en fabricación mecánica

Contenido

1. Introducción

Si se tiene en cuenta las operaciones básicas para el control de calidad, hay que realizar durante el montaje de los conjuntos operaciones de medición para detectar posibles anomalías o defectos, tanto de la materia prima, como las surgidas durante el proceso de montaje. En muchos casos no basta con realizar estas mediciones sino que, además, hay que realizar comparaciones y verificar lo que se está realizando.

En este capítulo, se abarcarán y se profundizará los diferentes procesos de verificación más usuales empleados en los productos mecánicos con los instrumentos de medición más usuales y se tendrán en cuenta los controles de calidad necesarios, así como la responsabilidad y cumplimentación de la documentación necesaria durante el proceso como, por ejemplo, las hojas de control.

2. Medición de conjuntos

La metrología es la ciencia encargada de estudiar los diferentes sistemas de medidas y de las unidades empleadas para ello. Abarca tres conceptos básicos: magnitud física, medidas y unidades.

Para realizar mediciones de conjuntos mecánicos hay que conocer los sistemas de medidas y cómo funcionan.

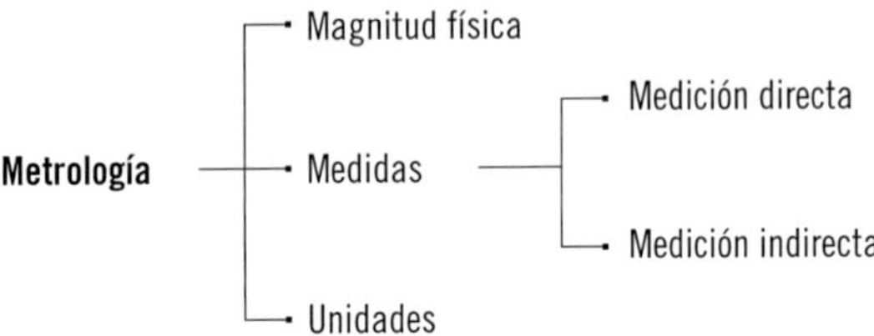

2.1. Magnitud física

Se entiende por magnitud física todas aquellas propiedades que poseen los diferentes cuerpos o elementos. Una magnitud se puede medir y comparar. Por ejemplo: la altura, la anchura, el peso, la temperatura, etc.

2.2. Medidas

Se denomina medida a la comparación de una dimensión con otra de la misma especie, en la cual se toma a la primera como unidad o muestra. Por ejemplo, si al medir una plancha de acero decimos que tiene una anchura de 25 cm, significa que la longitud de ese ancho es 25 veces mayor que la unidad de longitud de anchura empleada, en este caso el centímetro.

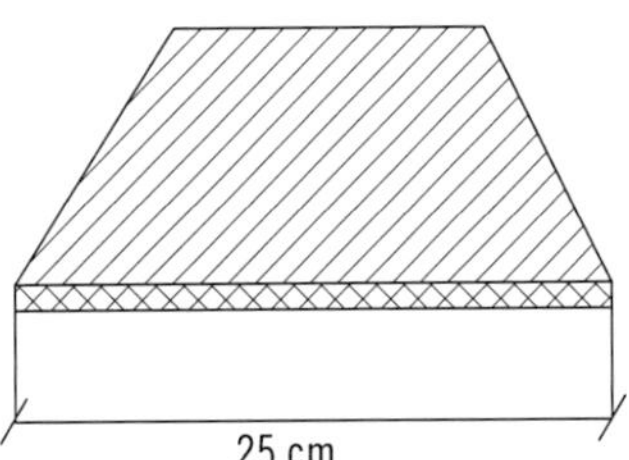

Recuerde

La medición se puede realizar de dos maneras: directa o indirectamente, dependiendo del instrumento de medida utilizado en la operación.

La muestra utilizada para medir se denomina unidad de medida. Esta unidad de medida debe ser:

- **Inalterable,** ni la persona que realiza una medida, ni el tiempo transcurrido, pueden alterar esta unidad de medida.
- **Universal,** la unidad de medida debe ser entendida y utilizada por igual en cualquier parte del mundo.
- **Sencilla,** o que tenga facilidad para su reproducción.

Ejemplo de medida directa al resultar de tomarla directamente de un instrumento de medición.

Recuerde

Cuando no es posible realizar una medición directa sobre un objeto se recurre a otros elementos para realizar medidas alternativas y así poder compararlas. Por ejemplo, al usar una escuadra para comprobar si una pieza tiene un ángulo de 90°.

2.3. Unidades

La unidad es el elemento referente utilizado para medir las diferentes magnitudes físicas. Dicha unidad debe ser inalterable y universal.

La unidad se representa gráficamente con su abreviatura o una letra referente para definirla. Por ejemplo: metro = m; litro = l; ohmio = Ω.

Sabía que...

El Sistema Internacional de Unidades (SI) es el sistema de unidades más utilizado a nivel mundial. Entre su gran cantidad de medidas se destacan las unidades básicas, a partir de las cuales son derivadas las demás unidades de medida:

- Longitud: metro (m).
- Masa: gramo (g).
- Tiempo: segundo (s).
- Corriente eléctrica: amperio (A).
- Temperatura: kelvin (K).
- Cantidad de sustancia: mol (mol).
- Intensidad luminosa: candela (Cd).

Las unidades de medida tienen valores superiores e inferiores que se pueden utilizar de acuerdo con la magnitud que se está midiendo. Por ejemplo, aunque la unidad de medida de longitud es el metro, existen unidades inferiores como centímetros, milímetros, décimas de milímetros, etc. que se utilizarán para medir piezas de pequeño tamaño. En cambio, se utilizarán medidas mayores, como por ejemplo kilómetros, para medir grandes distancias.

3. Procesos de verificación y control de medidas

Dentro de los procesos de verificación, hay que distinguir, entre otras cosas, los elementos a verificar, de ello dependerán las diferentes técnicas a utilizar. Así pues, no es lo mismo verificar una superficie, que verificar un elemento de unión.

Esquema de los procesos de verificación

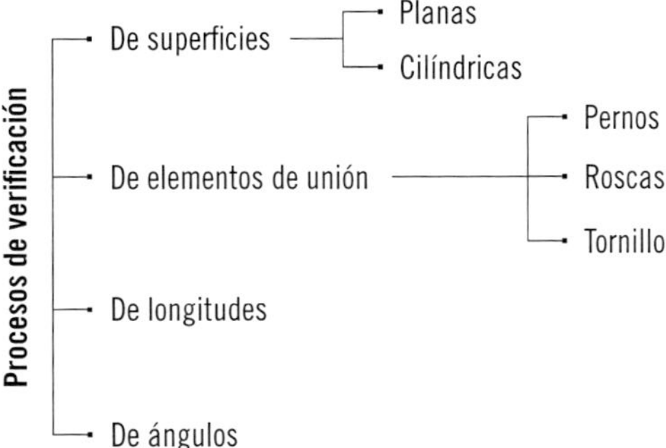

3.1. Procesos de verificación de superficies

A la hora verificar superficies, lo primero que hay que tener en cuenta es el tipo de superficie o superficies sobre las que se va a trabajar. Dependiendo de dichas superficies, planas o cilíndricas, se utilizarán diferentes elementos de verificación.

Superficies planas

La planitud de una superficie se puede verificar con diferentes métodos según se compare con un plano como patrón de referencia, o bien se mida directamente con instrumentos de verificación.

Mármol de ajustador

En primer lugar y como primera verificación, se debe comprobar si las piezas a unir tienen un plano perfecto. Para ello se utilizará un mármol de ajustador.

La finalidad del mármol de ajustador es asegurar que la superficie que se va a comprobar está lo más plana posible.

Se utilizan dos técnicas diferentes a la hora de la verificación.

1. Se coloca la pieza a comprobar encima del mármol de ajustador y se ponen ambos al trasluz. Si los rayos de luz atraviesan la unión entre el mármol de ajustador y la pieza, se asegurará que esta no cuenta con el plano analizado perfectamente plano.

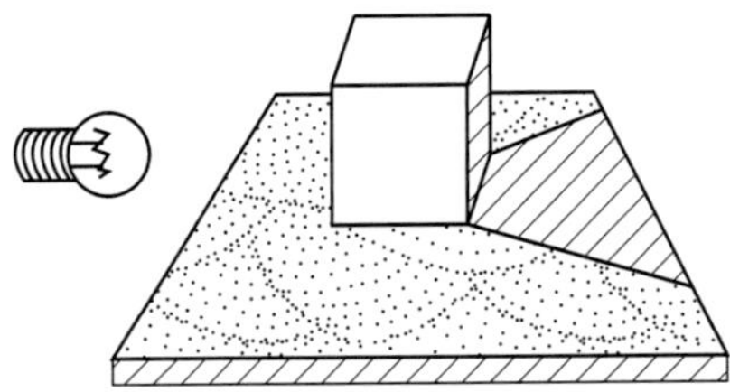

2. Se da un matiz de color al mármol y se desliza la pieza que se quiera comprobar sobre el mármol coloreado. Si al levantar la pieza, el plano de esta aparece totalmente coloreado se puede asegurar que no presenta ovalación alguna. Si, por el contrario, existen zonas no coloreadas, se puede afirmar que el asiento de la pieza no mantiene el plano perfecto.

Esta segunda operación requiere:

- El mármol y el plano de la pieza a comprobar deben de estar perfectamente limpios.
- La superficie del mármol ha de ser mayor que la superficie del plano de la pieza a verificar
- El desplazamiento de la pieza sobre el mármol se debe realizar en varias direcciones, sin ejercer excesiva presión de la pieza sobre el mármol, y que la comprobación dure el menor tiempo posible.

Sabía que...

La primera verificación con mármol de ajustador no es fiable del todo, ya que la pequeña ovalación puede estar situada en el centro de la pieza a verificar, con lo que el resto de la superficie se mantendría adherida al mármol, sin que se pudieran apreciar los rayos de luz a través de ambas piezas.

Reglas de verificación

Existe otro sistema de comprobación de superficies planas. Para ello se utilizarán las denominadas reglas de verificación, que son unas reglas fabricadas en acero para darles más consistencia y veracidad a la hora de comprobar los diferentes planos.

La comparación con reglas de verificación también se puede realizar de dos formas diferentes:

1. Se coloca la regla sobre la superficie a verificar y se ponen ambas al trasluz. Para asegurar que solo el filo de la regla está apoyado sobre la superficie del plano a verificar se le da cierta inclinación a la regla (entre 60° y 70°). Si los rayos de luz son capaces de atravesar la unión entre la regla y el plano, existe una deformación en la pieza.
2. Se coloca la regla sobre la pieza en cuestión y se utilizan unas galgas de espesores, para asegurarnos de que la pieza no presenta ninguna anomalía. Para ello, se colocará la regla encima del plano y se utilizará la galga de menor grosor para intentar atravesar la regla por debajo de ella. Si se consigue pasar la galga por debajo de la regla es que el plano tiene una ligera deformación. Si por el contrario no se consigue atravesar la regla con la galga, el plano está en perfecto estado.

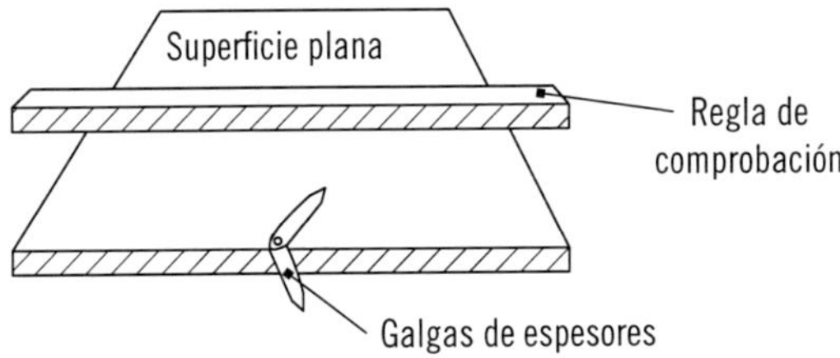

Hay que seguir unos pasos para asegurar la veracidad de la comprobación:

- Repetir la operación varias veces cambiando la regla de sitio.
- No forzar excesivamente la galga, para evitar deformaciones en la misma.
- Mantener fija la regla, para evitar que la galga la atraviese erróneamente.

Reloj comparador

Otro sistema para la medición de la planitud de una superficie es la utilización de un reloj comparador. Para ello se necesita un mármol de ajustador como apoyo base.

El procedimiento de verificación consiste en colocar la pieza y el soporte del reloj comparador sobre la superficie plana del mármol de ajustador. Una vez en contacto el comparador con la pieza, se tomará una medida como referencia y se ajustará a 0 moviendo la corona del reloj comparador. A continuación, se desplazará el soporte con el reloj comparador por toda la superficie de la pieza a verificar.

Sistema muy preciso que se utiliza para verificar piezas de pequeño o medio tamaño que necesiten una superficie sin desviación alguna.

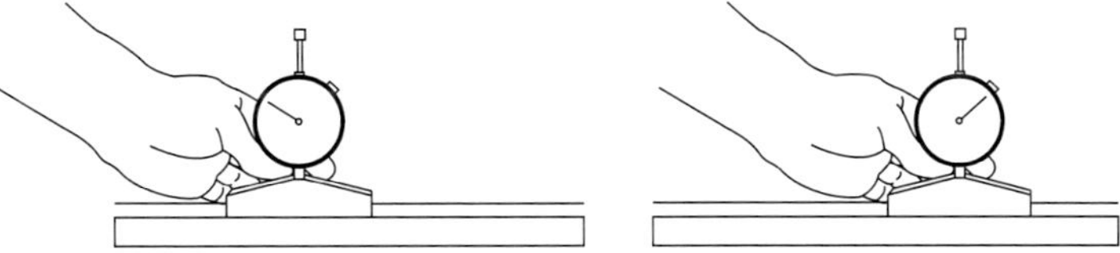

De esta forma se puede verificar si existe variación de la medida de referencia del comparador. En caso de que exista variación indicará irregularidades en la superficie de la pieza, por lo que la superficie no será completamente plana.

Nivel de comparación

Otra herramienta para medir si una superficie está plana es el nivel de comparación. Para ello hay que tener en cuenta el concepto de **nivel.** Para este fin se utiliza una herramienta de medición indirecta llamada **nivel de comparación.**

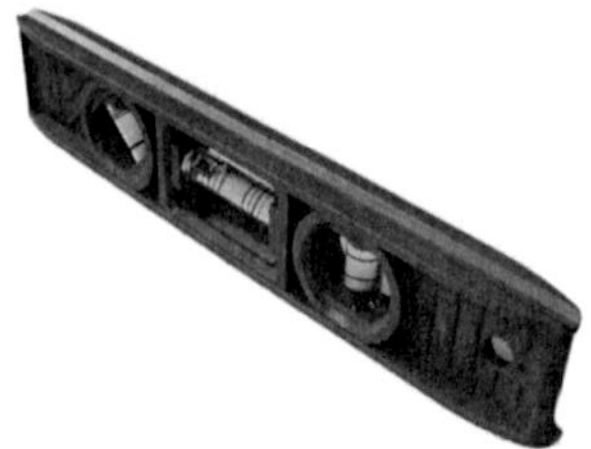

Definición

Nivel
Este concepto se acuña para establecer la verticalidad u horizontalidad de un determinado elemento con respecto a otro.

Esta herramienta permite con facilidad, mantener tanto en un plano vertical, como en un plano horizontal, la perfección de estos con respecto a otra superficie comparativa.

El nivel consiste en una barra plana, la cual lleva incrustada uno o dos pequeños tubos transparentes. Dentro de estos tubos llenos de líquido se encuentra una burbuja de aire, que tendrá una longitud menor que la distancia existente entre las marcas de centrado del tubo. De tal manera, que cuando el nivel esté totalmente horizontal (o vertical), con respecto al suelo, o a la pieza que queramos "poner a nivel", la burbuja de aire se colocará justo en el centro del cilindro en cuestión.

Si la burbuja de aire queda justo en el centro del cilindro, la pieza asentada está colocada a nivel.

Sabía que...

Si el nivel de comparación lleva varios tubos es habitual que uno de ellos esté en posición horizontal y otro en posición vertical, pudiendo encontrar otros tubos para comprobar la inclinación del elemento a comparar.

Este sistema no es fiable para medir piezas de pequeño tamaño, dado que necesita un completo apoyo para poder obtener una lectura correcta. Por tanto, se utilizará para piezas de gran tamaño o para comprobar el nivel del ensamble, utilizando planchas metálicas que sirvan como apoyo para una correcta lectura.

Aplicación práctica

Usted se encuentra trabajando en un taller de mecánica y su encargado le indica que realice la comprobación de la planitud de una pieza de gran precisión, por ejemplo, una culata. ¿Qué instrumentos de comprobación utilizaría?

SOLUCIÓN

Al pedir gran precisión, el nivel no serviría. Por tanto, habrá que utilizar instrumentos como el reloj comparador y el mármol de ajustador. Otra opción sería utilizar una regla de verificación y las galgas de espesores, aunque fuera menos preciso.

Superficies cilíndricas

Al igual que las superficies planas, las superficies cilíndricas, también tienen sus procesos de verificación.

Para comprobar una superficie cilíndrica lo primero a tener en cuenta es que la superficie debe estar totalmente limpia y no presentar arañazos ni deformaciones propias de los cilindros.

Las principales operaciones de verificación de un cilindro, se llevan a cabo teniendo en cuenta dos factores principales a la hora de una posible deformación. Estás son:

1. Deformaciones por conicidad
2. Deformaciones por ovalamiento u ovalación.

Para verificar que un cilindro presenta alguna de estas dos deformaciones se utilizará como instrumento de medida el **alexómetro.**

Deformaciones por conicidad

En cualquier operación mecánica, un cilindro sirve para abarcar el desplazamiento de un émbolo en su interior, guiando el movimiento del émbolo en línea recta.

En este tipo de movimientos, el deslizamiento del émbolo, dentro del cilindro, provocará en este una serie de desgastes.

Cuando el cilindro se desgasta más por la parte superior que por la parte inferior, debido a una diferencia de temperaturas o falta de lubricación, se produce un proceso de reducción de las paredes del cilindro. A esta situación se le denomina **conicidad.**

Deformaciones por ovalamiento

Otra de las deformaciones que se pueden encontrar dentro de una superficie cilíndrica es la que producen las fuerzas laterales sufridas por el desplazamiento del émbolo a través de dicho cilindro, provocadas por el empuje lineal aplicado al émbolo.

Estas fuerzas laterales, provocan el desgaste de las paredes centrales del cilindro, produciendo la similitud del cilindro con un ovalo.

Verificaciones del ovalamiento y la conicidad

Para comprobar y verificar los diferentes desgastes producidos en las paredes de un cilindro, se utiliza un instrumento de medida indirecta, el cual por comparación nos permitirá saber el grado de desgaste que existe en dicho cilindro.

El alexómetro es una herramienta, diseñada para medir diámetros interiores. Está compuesto por un vástago-guía en cuyos extremos se sitúan en un lado un palpador de dimensiones variables y en el otro un reloj comparador. Cuando se introduce el palpador en el interior de una cavidad, este, al rozar con las paredes, se desplazará hacia adentro, mandando la señal al reloj comparador a través del vástago-guía, indicando la diferencia de espesor, producida por el desgaste, con respecto a la medida original.

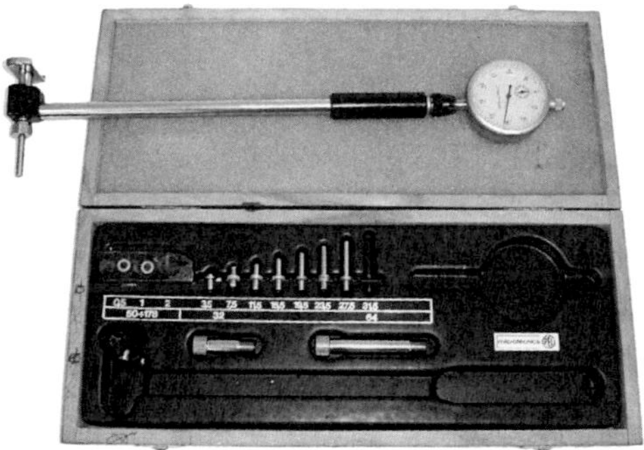

Juego completo de alexómetro.

El problema que plantea el alexómetro a la hora de medir una superficie, se presenta cuando se mueve el vástago hacia derecha o izquierda, en vez de dejarlo fijo siempre en la misma posición, puesto que en el movimiento, el palpador ejerce más presión contra la pared que está siendo analizada y se introduce más de la cuenta hacia adentro, pudiendo falsear la medida en cuestión.

Para evitar este problema se utilizará una escuadra, en la que se apoyará su superficie plana con el vástago, asegurando que el alexómetro, trabaje siempre a 90° con respecto al plano, es decir, en línea recta. De esta forma, la medición obtenida será mucho más exacta.

Con este sistema se puede comprobar tanto la conicidad, como el ovalamiento del cilindro.

Para ello, cuando se coloque a escuadra el alexómetro, se introducirá dentro del cilindro. Es en este momento, cuando se calibra el reloj comparador a cero.

Si a lo largo de la trayectoria que realice el alexómetro se observa que la medida que marca el reloj comparador se aleja del cero, se interpretará que esa zona está desgastada. Así, se puede verificar si dicho cilindro presenta deformación por conicidad o por ovalamiento.

Para obtener una medición correcta, se deberán realizar varias comparaciones a lo largo y ancho del cilindro. No obstante, la cantidad de mediciones dependerá del tamaño del cilindro.

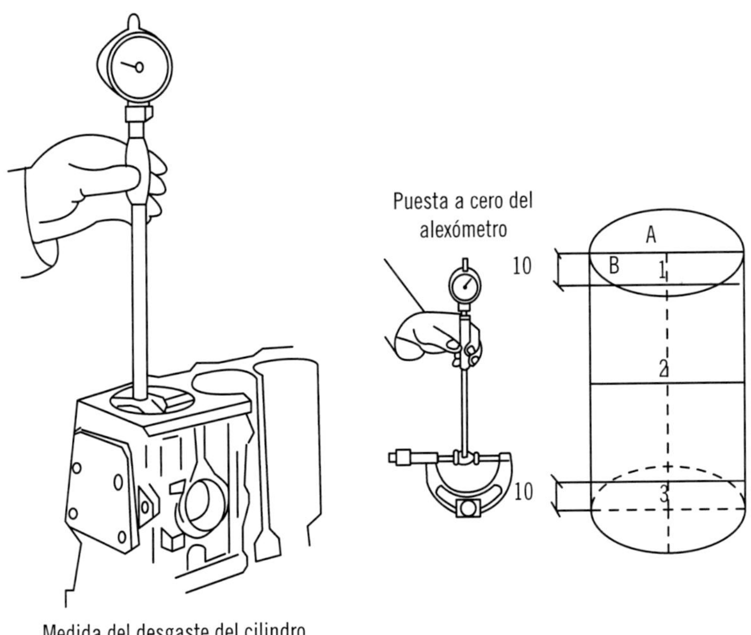

Medida del desgaste del cilindro

La redondez y cilindridad del estado superficial de una pieza se puede medir también con un reloj comparador. El proceso de verificación consiste en instalar el reloj comparador en un soporte y la pieza con forma redonda o cilíndrica soportarla sobre dos puntos de apoyo o una bancada en forma de V.

Se aproxima el reloj comparador sobre la superficie de la pieza y se calibra a 0. Se hace girar la pieza y el reloj comparador marcará si existe algún tipo de desviación sobre la superficie.

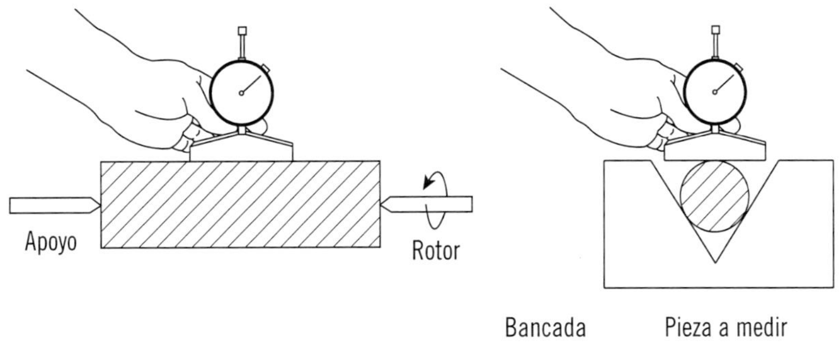

3.2. Procesos de verificación de elementos de unión

En todo proceso de montaje existen elementos de unión. Bien sea por tornillería, por soldadura, por pegamentos o cementos, estos elementos de unión necesitan una verificación, para poder garantizar una perfecta unión de las piezas en el proceso de montaje.

Pernos y tornillos

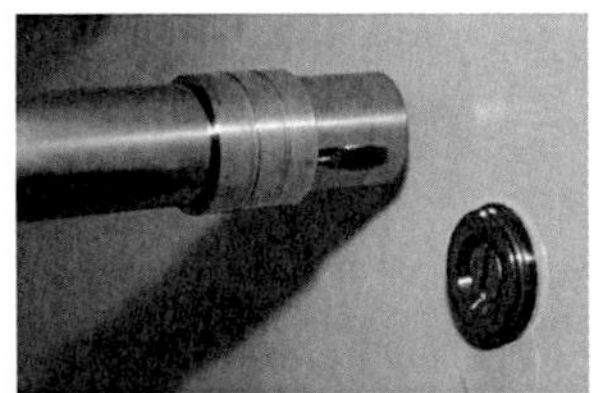

Se puede definir como perno a la unión de un tornillo con una tuerca, mientras que el tornillo es un eje con rosca y cabeza, el cual se introduce dentro de una cavidad roscada.

Medición de pernos y tornillos. Apreciación del calibrado

A la hora de seleccionar un perno o tornillo, para un determinado montaje se debe de conocer la medida y el paso que han de tener. La medida de un tornillo, como la del perno se expresa tanto por el diámetro de su vástago, como por la medida de su rosca.

Para apreciar la medida del vástago del tornillo, se utilizará el pie de rey o el micrómetro. Para apreciar el paso de rosca que poseen tanto el tornillo como el perno, se utilizará un peine de rosca o roscado.

Roscas

Cuando a una superficie cilíndrica se le practica un mecanizado para realizar sobre ella una serie de espiras helicoidales, a este proceso se le denomina fabricar una **rosca.**

Sabía que...

Las espiras helicoidales de una rosca reciben también el nombre de filetes.

Para verificar una rosca hay que conocer los distintos tipos de roscas existentes, ya que puede dar lugar a confusión creyendo que una rosca está estropeada y sin embargo está en perfecto estado, pero su disposición y mecanizado son distintos.

Tipos de rosca

Las roscas son muy diferentes entre ellas. Según la disposición que tengan en el elemento roscante o roscado se dividirán en:

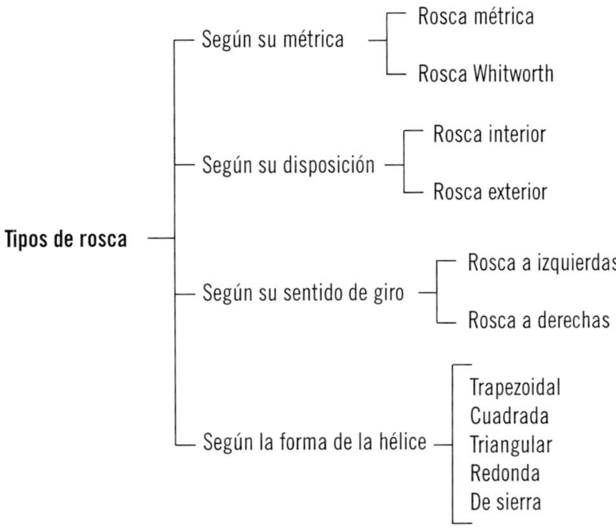

Rosca métrica

En la rosca métrica, el ángulo existente en la espiral es de 60º. Además, en los tornillos la circunferencia de pie (base de la espiral) es redonda, mientras que en tuerca es plana. Por otro lado, las medidas recogidas de un paso métrico se expresan en milímetros/diente.

Paso de rosca métrico

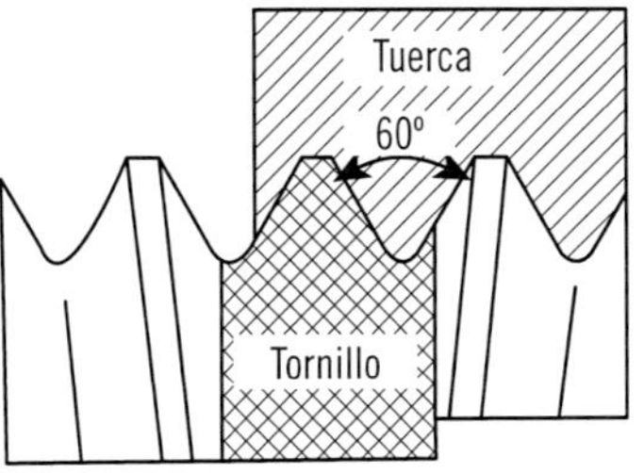

Rosca Whitworth

Paso de rosca Whitworth

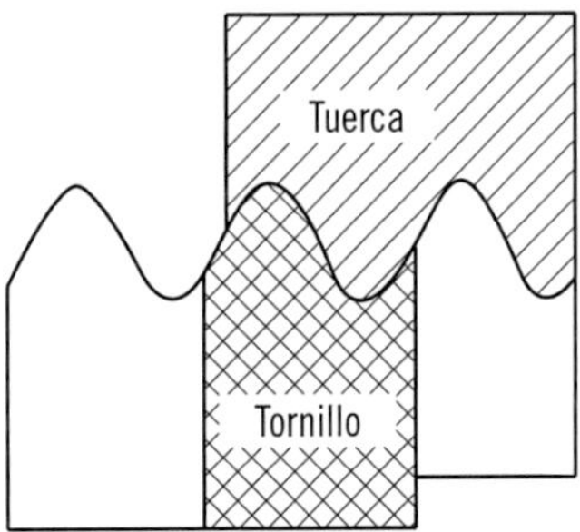

En la rosca Whitworth el ángulo es de 55°. En este tipo de rosca, tanto la base como la punta, son redondeadas. Además, las medidas recogidas de un paso Whitworth, se expresan en pulgadas/diente.

Rosca interior

Se puede definir como rosca interior (también denominada rosca hembra) a la rosca que va a ser atravesada por otra rosca. Por ejemplo: tuerca, orificio roscado...

Rosca exterior

Se puede definir como rosca exterior (también denominada rosca macho) a la rosca que atraviesa a otra rosca. Por ejemplo: tornillo, perno, espárrago...

Rosca a derechas

Este tipo de roscas es el más habitual. El sentido de avance de la rosca toma su dirección de giro en sentido horario. A la hora de apretar un tornillo, el sentido de giro será el mismo que toman las agujas de un reloj; mientras que, si se afloja el tornillo, el sentido se invierte, siendo en este caso en sentido antihorario.

Rosca a derechas

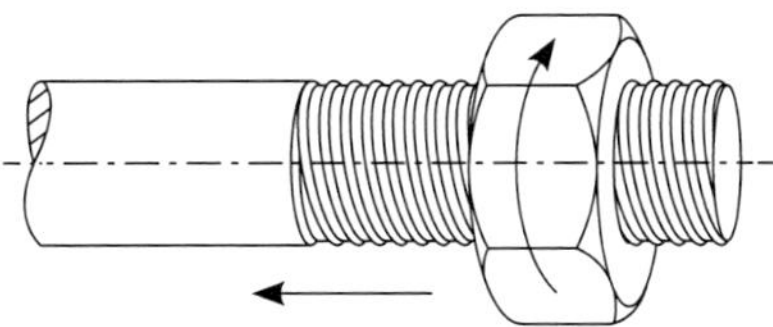

Rosca a izquierdas

En las roscas a izquierdas, el sentido de avance de la rosca toma su dirección de giro en sentido antihorario. A la hora de apretar un tornillo, el sentido de giro será el contrario al que llevan las agujas de un reloj; mientras que si se afloja el tornillo, el sentido de giro será horario.

Rosca a izquierdas

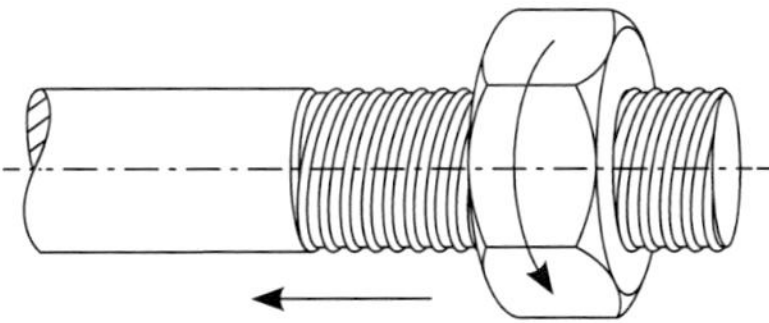

Tipos de hélice

Según el tipo de hélice utilizada en la rosca, estas se dividirán en: roscas trapezoidales, cuadradas, triangular, redonda o de sierra.

La geometría de estas roscas viene determinada por la forma de la hélice. Según el trabajo que vayan a realizar, se utilizará un tipo de rosca u otra; por ejemplo, en los tornillos de potencia se utilizan roscas cuadradas debido a su mayor robustez.

De este modo, una rosca triangular tendrá las hélices de forma triangular (normalmente tornillos y tuercas); las de rosca cuadrada, tendrán los filetes de forma cuadrada; las trapeciales, de trapecios y así sucesivamente.

Ejemplos de roscas con diferentes tipos de hélice

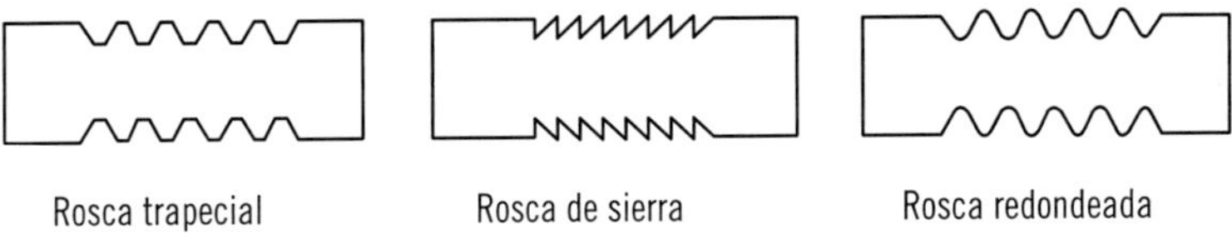

Rosca trapecial — Rosca de sierra — Rosca redondeada

Mediciones con el peine de rosca

Determinadas las medidas del perno o tornillo en milímetros, toca sacar las medidas del paso de rosca que tendrán éstos.

Para determinar el paso de rosca, se utilizará el peine de rosca.

Recuerde

El peine de rosca es un elemento que contiene una serie de láminas de acero y en su parte inferior cada lámina lleva mecanizado un paso de rosca, que en cada caso es diferente de una lámina a otra. Estas láminas medirán la separación entre las aristas helicoidales de dicho perno o tornillo.

Para ello, se prepara el tornillo por la parte de su vástago y se compara con la lámina del peine, que coincida con la rosca del tornillo.

Así pues, si se va a medir un tornillo cuyo vástago tiene de diámetro 10 mm y el paso de rosca al medirlo con el peine la medida entre dos aristas helicoidales y entre estas hay una separación de 1,5 mm se dirá que es un tornillo de 10x150. Si el diámetro del vástago fuera de 6 mm y la separación entre aristas de 1 mm se refiere a un tornillo de 6x100.

Verificación de roscas

Como primera comprobación, la verificación se hará **visualmente,** observando que el eje del tornillo o perno no esté doblado. En tal caso, se sustituirá el tornillo por otro. Posteriormente, se comprobará el estado de la rosca, es decir, que se encuentra en óptimas condiciones para empezar a montar.

Una rosca deteriorada, puede dar problemas a la hora de ensamblar los elementos. El mal estado de la rosca se aprecia a simple vista, puesto que los hilos de rosca, pierden su forma helicoidal, en la parte deteriorada. A la hora de reparar una rosca, se utilizará bien un juego de **terrajas de rosca** (para los tornillos), o bien, un juego de **machos de rosca** (para las tuercas).

Aplicación práctica

Usted está realizando el montaje de un conjunto de piezas y el manual de instrucciones le indica que necesita un tornillo de métrica 10x150 y 50 mm de largo. En la bolsa con el kit de tornillos existen dos tipos diferentes: 10x150 50 mm de largo y 10x125 50 mm de largo. En este momento, no tiene peine de rosca, ¿cómo puede identificar el tornillo que necesita?

SOLUCIÓN

Aunque siempre es aconsejable el uso del peine de rosca, tenga en cuenta que la denominación 10X150 se refiere a 10 mm de diámetro y 150 de paso. Por lo que a simple vista usted podrá diferenciarlo. El tornillo que debe seleccionar será el que tiene el paso de rosca más grueso.

3.3. Verificación de longitudes

Las verificaciones de longitudes son utilizadas con frecuencia en los talleres de fabricación. Las más usuales son:

- Medición con el calibre o pie de rey.
- Medición con el micrómetro.

Mediciones con el calibre o pie de rey

Con el calibre o pie de rey se pueden verificar medidas exteriores, interiores y de profundidad.

El tipo de medición dependerá de si se realiza con las bocas móviles, con las orejetas o con la varilla de profundidad.

Para realizar una medición de exteriores con las bocas del calibre se realizará de la siguiente forma:

1. En primer lugar, sujetando el calibre, se moverá la palanca de desplazamiento hacia atrás para abrir las bocas de medición externa.
2. Seguidamente, se introducirá el vástago entre las bocas de medición y se ajustarán, aprisionando el vástago, ejerciendo la presión justa para aprisionarlo de forma correcta y evitar falsear la medida.
3. Una vez realizada esta operación se verificará la medida que presenta la escala de división y la señalización que sobre esta indica el nonio.
4. La medida obtenida expresará el diámetro del vástago.

Ejemplo

Suponga que se utiliza un calibre con un nonio de 10 divisiones. Pueden ocurrir dos cosas:

1. Que la medición sea exacta y el cero del nonio coincida con la división de la regla fija, con lo cual la medida es exacta en mm. En el ejemplo se representa una medida de 12 mm.

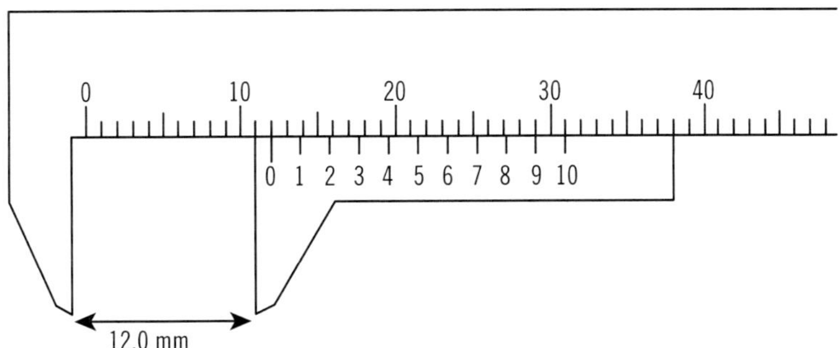

2. Que la medición no sea exacta y el cero del nonio no coincida con la división de la regla fija, en tal caso, la medida de la regla situada a la izquierda del cero del nonio representará la parte entera en milímetros y la división del nonio que coincida con el tramo de regla fija expresará las décimas de milímetros. En el ejemplo se representa una medida de 13,7 mm.

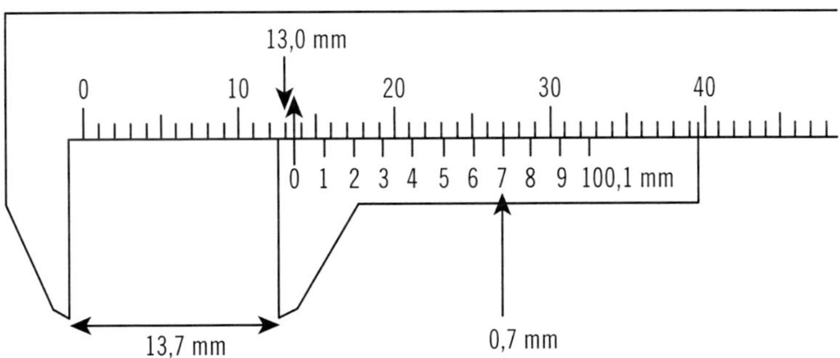

Para realizar una medición de interiores con las orejetas del calibre los pasos a seguir son:

1. Sujetando el calibre, se moverá la palanca de desplazamiento hacia atrás para abrir las orejetas de medición interna.
2. Las orejetas se ajustarán al máximo de la parte interior a medir tal como indica la figura.
3. Una vez realizada esta operación se verificará la medida que presenta la escala de división y la señalización que sobre esta indica el nonio.
4. La medida obtenida expresará la medición de la longitud interior.

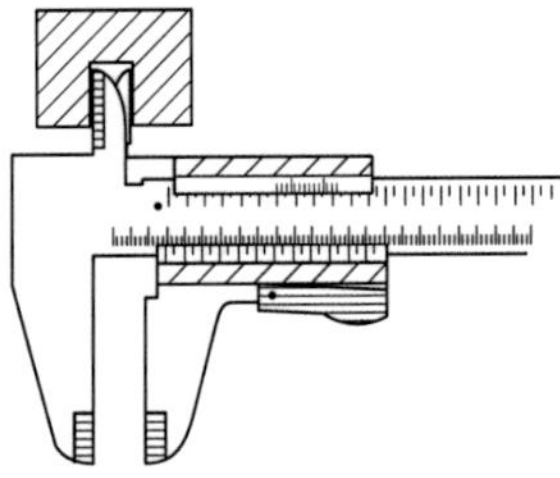

La **medición de profundidades** con la varilla de profundidad se realizará de la siguiente forma:

1. Comprobar que la base del calibre se encuentra totalmente perpendicular al orificio. Una vez comprobada la posición del calibre, sujetándolo, se moverá la palanca de desplazamiento hacia atrás para abrir la varilla de medición de profundidad.
2. Se desplazará hasta que la varilla de medición haga tope sobre la superficie a medir.
3. De nuevo y, una vez realizada esta operación, se verificará la medición obtenida entre la escala de división y el nonio. Esta medida expresará la profundidad de la medición.

Mediciones con el micrómetro

Con el micrómetro se pueden realizar mediciones de longitud muy exactas. En su exactitud puede llegar a medir hasta una milésima de milímetro (0,001 mm). Lógicamente, los hay de diferentes medidas y con diferentes niveles de medición. Los más usuales indican hasta centésimas de milímetro.

El proceso de medición con el micrómetro es el siguiente:

1. Comprobar la calibración del micrómetro. Para ello, se verificará que en reposo la división 0 del tambor giratorio coincida con la del inicio de la graduación. En caso contrario hay que proceder a su calibración mediante un útil específico.
2. Desenroscar el husillo y situar la pieza suavemente entre el yunque y el husillo de medición.
3. Apretar suavemente el husillo actuando sobre el trinquete, de esta manera nos aseguramos de no ejercer demasiada presión sobre la pieza a medir evitando falsear la medida.
4. Bloquear el tambor de medición con el freno de seguridad.
5. Efectuar la lectura de medición.

Sabía que...

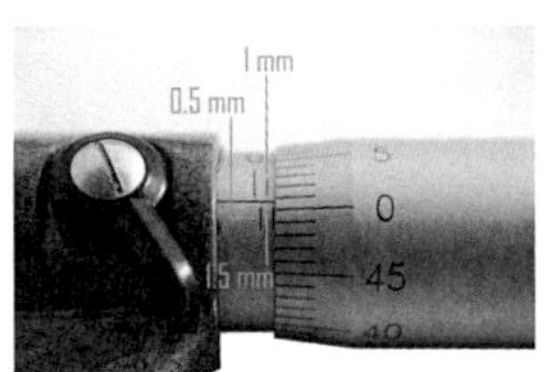

La escala de medición se divide en dos partes, una horizontal y otra vertical, la vertical mide fracciones de medio milímetro y la escala horizontal (la que está en el manguito) mide centésimas de milímetro. Una vuelta completa del manguito significa medio milímetro, como el manguito está dividido de 0 a 50 cada línea significa una centésima de milímetro.

Ejemplo

En la escala horizontal en la parte superior hay 4 líneas, lo que indica 4 mm. En la parte inferior aparece una división adicional, con lo que indica 0,5 mm más y como la línea horizontal del manguito está en cero da un total de 4,50 mm.

En la parte superior de la escala aparecen 9 líneas que equivaldrían a 9 mm. Como el manguito marca el número 23, la medición total es de 9,23 mm.

Aplicación práctica

Usted es el encargado de una zona de comprobación y le indica a dos trabajadores que verifiquen las dimensiones de una pieza y las anoten en una hoja de registro. Cuando comprueba la hoja, detecta pequeñas diferencias. Se da cuenta de que un trabajador ha realizado las mediciones con un calibre y otro con un micrómetro. ¿Qué medición seleccionaría como más correcta?

SOLUCIÓN

Tenga en cuenta que, aunque ambos instrumentos de medición son muy exactos, uno es más preciso que otro. Por tanto, la medición más exacta sería la realizada con el micrómetro.

3.4. Verificación de ángulos

Las herramientas utilizadas para la medición de ángulos son los goniómetros. Con ellos se pueden medir los ángulos de las piezas o bien marcar una determinada inclinación como referencia. El proceso de medición de los ángulos es el siguiente:

1. Asentar la regla sobre el extremo o arista que mejor se acomode al ángulo de la superficie a medir.
2. Desplazar la parte móvil que marca los grados hasta la otra arista o extremo a medir. Hay que tener en cuenta que el asiento entre la regla y la arista no debe moverse.
3. Comprobar la medición obtenida.

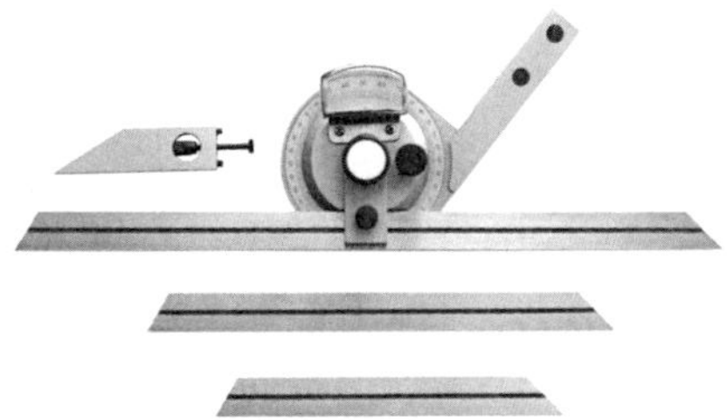

Existen diferentes tipos de reglas intercambiables para realizar un mejor asiento con la pieza a medir.

Nota

El cambio de las reglas intercambiables es muy sencillo, basta con aflojar un tornillo y cambiar la regla mediante un canal que hace de guía.

4. Detección de anomalías

A la hora de detectar una anomalía hay que tener en cuenta las mediciones realizadas y la tolerancia de la medición.

4.1. Concepto de incertidumbre o error de medición

La incertidumbre de medida es el parámetro asociado con el resultado de una medición, que caracteriza la dispersión de los valores que podrían ser razonablemente atribuidos al valor a medir.

Ejemplo

En el supuesto de un trabajador que tiene que determinar el valor de una medida realizada con un micrómetro milesimal y realiza la medida en más de una ocasión, en tal caso, dada la precisión del instrumento de verificación, puede resultar que la medición dé resultados distintos, suponga: 11,872 mm y 11,874 mm.

Por tanto, se puede decir que la medición oscila entre una medida superior y otra inferior, o lo que es lo mismo, la incertidumbre tiene como resultado $L = 11{,}873 \pm 0{,}001$mm. En este caso, el margen o tolerancia es muy pequeño, por lo que la medición sería correcta y se podría definir con la cifra $L = 11{,}873$ mm.

Hay que tener en cuenta que si se realizan mediciones con aparatos de verificación muy precisos el resultado de la medida de una magnitud se expresaría de la siguiente forma: el valor de una magnitud (M) es la resultante del valor más probable de la magnitud (m) y la incertidumbre de la medida (u).

$$M = m \pm u$$

Sabía que...

Dado el concepto de incertidumbre, en metrología no se consideran valores 'verdaderos', sino 'más probables'.

Las causas de la incertidumbre pueden deberse a:

- **El instrumento de medida.** Por muy preciso que sea un instrumento de medición, presentará imperfecciones debido a su fabricación (piezas de contacto interiores, levas, etc.) y al desgaste del instrumento, ya sea interiormente o de las piezas de contacto con la pieza, como pueden ser los palpadores.

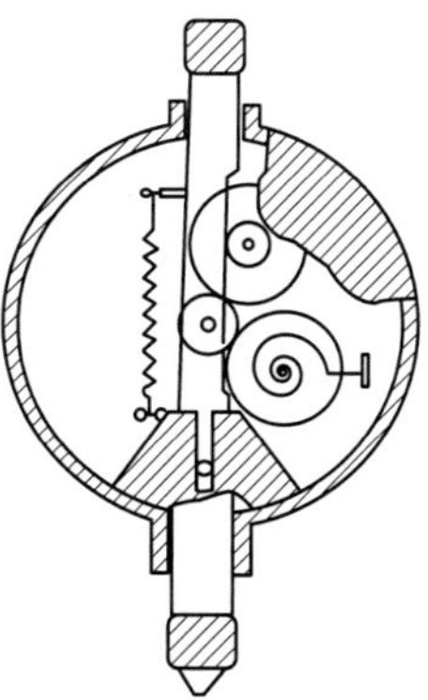

- **El procedimiento de realización de la medición.** También se conoce como error humano de medición, debido a que suele estar causado por el operador que realiza la medición. Puede darse este tipo de incertidumbre debido a un mal posicionamiento del instrumento, a un mal paralelaje del instrumento o incluso a factores no medibles tales como fatiga del operario o su estado físico durante la medición.

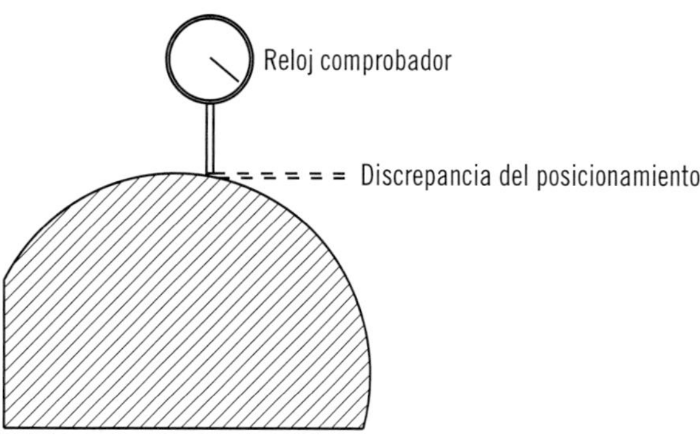

- **La pieza medida.** En realidad, las piezas siempre tienen pequeñas imperfecciones de forma que pueden dar lugar a un error en la medición. Para evitar estas incertidumbres lo ideal es realizar varias mediciones.

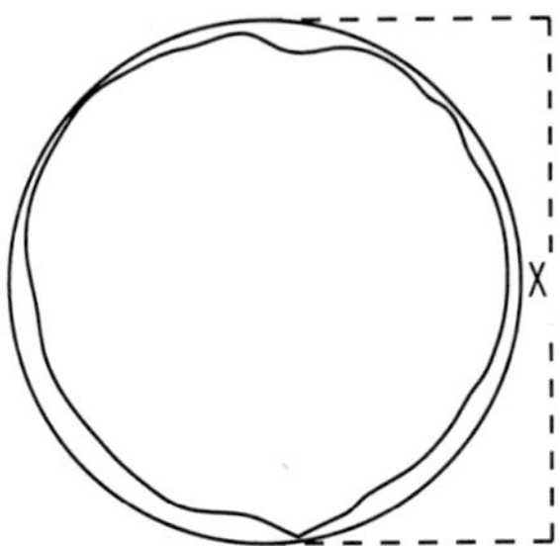

- **Las condiciones ambientales.** Son producidas por causas externas al proceso de medición, pero con la influencia de agentes ambientales como la temperatura, se producen dilataciones en los elementos metálicos tanto de las piezas como de los instrumentos de medición que pueden dar lugar a diferencias en la medición.

Sabía que...

Con el objetivo de eliminar el error de medida asociado a los cambios de temperatura, los laboratorios de metrología se mantienen a una temperatura constante de 20 °C.

4.2. Anomalías más usuales

La forma de detectar anomalías se ha descrito a lo largo del epígrafe de procesos de verificación, ya que, si se saben utilizar los instrumentos de medición y comprobación, dará lugar a la conformidad o no de la medida, o lo que es lo mismo, tendrán o no anomalías las piezas verificadas.

No obstante, se van a identificar en este apartado las anomalías más usuales que se pueden encontrar durante los procesos de montaje para una mayor comprensión de estas.

Anomalías en roscas

En las operaciones de montaje, en lo que a roscas se refiere, la anomalía más usual es la rosca pasada. Esta anomalía generalmente está provocada por un mal encabezamiento de la tuerca o el tornillo, dando lugar a que los filos de la rosca no queden bien alineados y se pasen. En ocasiones, este fenómeno también se puede producir por un exceso de apriete dando lugar al desprendimiento de los hilos.

En cuanto al procedimiento de reparación, en ocasiones, puede bastar con repasar la rosca con un macho o una terraja, según corresponda. Pero en aquellos casos en que se produzca desprendimiento de hilos, habrá que taladrar y realizar una rosca nueva.

Anomalías en soldaduras

Gran parte de las anomalías en las soldaduras se producen por una mala elección del electrodo o por una posición incorrecta de soldadura.

No obstante, las más usuales son:

- Falta de penetración del material. Provocadas por poca intensidad de soldadura o por una separación excesiva del electrodo.

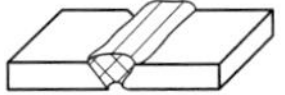

- Poros o grietas. Provocadas por la humedad en los electrodos, excesiva temperatura o falta de limpieza en las partes soldadas.

- Mordeduras. Provocadas por una mala aplicación del balanceo, intensidad de soldadura excesiva o electrodos demasiado gruesos.

- Cordón irregular. Provocadas por un ángulo excesivo en la inclinación o demasiada intensidad.

- Perforaciones en el material. Provocadas por una excesiva intensidad de soldadura, un electrodo demasiado grueso o una lenta velocidad de soldadura.

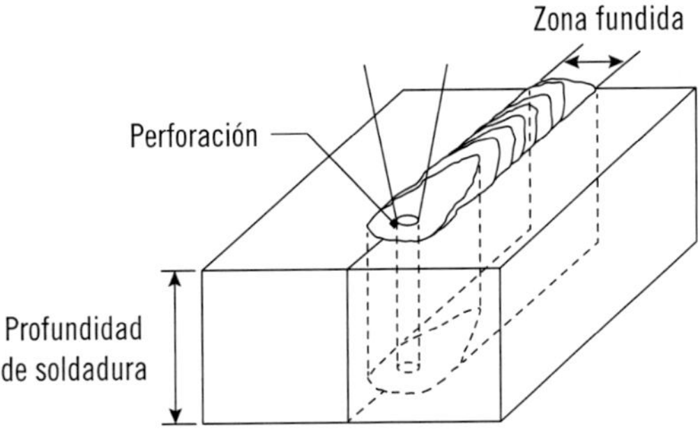

Anomalías en las superficies planas

Las anomalías en las superficies planas son debidas a un defecto de planitud. Este defecto puede ser debido a un defecto de fabricación, desgaste o falta de material; o bien, por dilataciones provocadas por los efectos de las altas temperaturas sobre el material. Estos defectos tienen su importancia a la hora de realizar montajes y acoples entre piezas, ya que la unión no será completamente estanca.

Sabía que...

Cuando un motor sufre un sobrecalentamiento excesivo, además de dañar la junta de la culata, puede provocar un defecto de planitud en la propia culata. En tal caso, es posible que se necesite realizar un rectificado de la misma.

Anomalías en las superficies cilíndricas

Las anomalías en las superficies cilíndricas se deben a un defecto de cilindridad en su fabricación, por desgaste o por falta de material. Normalmente, este tipo de superficies se emplean en conjuntos que tienen piezas en movimiento como rodillos, casquillos, etc. La anomalía más usual en este tipo de superficies es el desgaste, casi siempre, provocado por falta de engrase.

Aplicación práctica

Usted es el responsable del control de calidad de una cadena de montaje y se da cuenta de que en las uniones de piezas soldadas aparecen poros en la soldadura, ¿cómo debe actuar?

SOLUCIÓN

Teniendo en cuenta los motivos por los que salen poros en los cordones de soldadura. El más usual es la falta de limpieza, por lo que deberá de verificarlo y en caso necesario transmitirlo a la persona responsable del proceso.

5. Hojas de control y anotaciones

Para llevar a cabo controles de calidad en las operaciones de montaje de conjuntos mecánicos se emplean hojas de control y anotaciones, también conocidas como hojas de registro.

Las hojas de control sirven para reunir información y clasificarla en distintas categorías, mediante un registro correspondiente realizado en forma de datos.

Es primordial que en la hoja se recopilen la mayor cantidad de datos para que, en caso necesario, puedan ser analizados. Lógicamente, es imprescindible que los datos recogidos reflejen la verdad, por lo que el operario que realiza las anotaciones debe conocer no solo los instrumentos con los que se están realizando las anotaciones, sino que además debe de conocer el producto que se mide, por ejemplo, no basta con dominar el uso de un metro, sino que hay que conocer la pieza que se está midiendo.

Las hojas de control se realizan para determinar las siguientes **funciones:**

- Distribución de variables de variaciones de las piezas (tipo, medida, peso, etc.).
- Verificación y chequeo (controles de mantenimiento).

- Clasificación de piezas o elementos defectuosos.
- Localización de defectos.
- Localización de las causas de los defectos.

Una vez determinadas las funciones que se van a registrar en la hoja de control hay que tener en cuenta entre otros las siguientes **cuestiones para poder realizar un análisis:**

- Quién y con qué frecuencia realizará la recogida de datos.
- Cómo se recogerán los datos.
- Cómo se van a analizar los datos.
- Si la información recogida es cualitativa o cuantitativa.
- Cómo se va a utilizar la información recopilada.

Las hojas de control y de anotaciones, generalmente, son impresos que se rellenan de forma manual y se suelen simplificar para evitar errores y ahorrar tiempo, de tal forma, que el operario que está realizando las anotaciones efectúa marcas en las casillas correspondientes. En aquellas hojas en las que haya que reflejar algún dato específico o mediciones tendrán que ser anotadas en los casilleros dedicados a tal fin.

Hoja de control

Fecha: 24 de Junio 2025

Elaborado por: Rafael García

Proceso: Control de peso

Efectuado durante 2º turno

Características a verificar: Engranajes

Intervalos o categorías	*Check* de verificación																			Frecuencia
243-245	X	X	X																	3
245-247	X	X	X	X	X	X														6
247-249	X	X	X	X	X	X	X	X												8
249-251	X	X	X	X	X	X	X	X	X	X	X	X	X	X	X					16
251-253	X	X	X	X	X	X														6
253-255	X	X	X	X																4
255-257	X																			1
257-259	X																			
																			Total	45

Observaciones

Los **pasos** para elaborar una hoja de control:

1. Identificar el conjunto o pieza sobre el que se va a realizar el seguimiento.
2. Determinar los datos a recoger en la hoja de control.
3. Fijar la periodicidad de los datos a recoger.
4. Diseñar la hoja de control y las anotaciones en consonancia con la cantidad de datos a recoger, operario que realiza el control, fechas, etc.

Ejemplo

En este ejemplo de hoja de control de peso de engranajes se pueden observar los siguientes datos:

1. Encabezado de hoja de control con los datos: fecha, quién realiza el control, proceso y características a verificar.
2. *Check* de verificaciones obtenidas: donde el operario realiza marcas en forma de X en el casillero correspondiente.

Una vez rellena una hoja de control, queda un registro en el cual se pueden verificar e interpretar los datos obtenidos.

Ejemplo

Siguiendo con el ejemplo de la misma hoja de control, se pueden determinar las siguientes cuestiones:

1. Existen 16 engranajes de calidad óptima (los comprendidos entre 249 y 251 g).
2. Existen 24 engranajes de buena calidad (los comprendidos entre ±4 g de los de calidad óptima).
3. Existen 4 engranajes de mala calidad (los comprendidos entre ±6 g de los de calidad óptima).
4. Existe un engranaje de calidad negativa (comprendido entre ±7 g de los de calidad óptima).

Con estos datos obtenidos se pueden extraer conclusiones para determinar circunstancias de los motivos de las piezas defectuosas.

6. Responsabilidad en la cumplimentación de documentación de calidad

A lo largo del capítulo se han desarrollado diferentes técnicas empleadas para el control de calidad en la fabricación mecánica y la forma de realizar anotaciones.

De manera general, se puede afirmar que un sistema de control de calidad debe centrarse en que las mediciones y comprobaciones realizadas intervengan en la demostración de la conformidad de los conjuntos fabricados o montados, independientemente de que se obtengan mediante inspecciones finales o en verificaciones que controlen los procesos.

Ejemplo

Un ejemplo de este proceso puede ser:

En una empresa que se dedique a la fabricación y montaje de engranajes de acero se deberá identificar las variables a medir, que evidencien la conformidad de los productos con los requisitos mínimos necesarios. Es decir:

- Si la conformidad del producto se realiza mediante una inspección final, los requisitos de control deben derivar de las variables que se realizan en dicha inspección.
- Si la conformidad del producto se realiza mediante el control del proceso de fabricación (sin que se realice una inspección final del montaje), los requisitos de control se derivarán de las variables que intervienen en el control del proceso.
- Si la conformidad se realiza mediante comprobaciones intermedias (sobre el producto y sobre el proceso). De esta forma se asegura la calidad durante todo el proceso. No obstante, hay que hacer especial énfasis en el control final, ya que aseguraría los requisitos mínimos.

Si se tiene en cuenta el ejemplo anterior, se puede observar cómo a lo largo de un proceso de control se realizan comprobaciones para garantizar el resultado final de un producto. Estas comprobaciones quedan reflejadas en las hojas de control y demás herramientas del sistema de calidad implantado en la empresa, por lo que la cumplimentación de estos documentos genera responsabilidades, ya que un fallo dará lugar a la mala fabricación de un producto y puede producir más fallos si se trata de un trabajo en cadena.

Se podrían resumir la gestión de calidad de una empresa en la que se verifiquen conjuntos o piezas con procesos metrólogicos de la siguiente forma:

Y las funciones quedarían como recoge la tabla.

Por tanto, se puede afirmar que los responsables de la calidad en una empresa son todos los trabajadores, desde la dirección hasta los operarios y cada uno debe ser responsable de la cumplimentación de los documentos que tenga asignados de forma correcta y en caso de detectar alguna anomalía transmitirlo al responsable del proceso.

Grupo sin procesos	El papel de la función metrológica en la organización	Requisito ISO 10012:2003	Quién
Planificación y estrategia	Establecer, documentar, mantener y mejorar continuamente la eficacia del sistema de gestión de las mediciones.	5.1 Función metrológica	Dirección de la función metrológica
	Asegurarse que se determinan los requisitos del cliente y se convierten en requisitos metrológicos.	5.2 Enfoque al cliente	
	Asegurarse que el sistema de gestión de las mediciones y los criterios de desempeño para los procesos de medición.		
	Definir y planificar los objetos para el sistema de gestión de las mediciones y los criterios de desempeño para los procesos de medición.	5.3 Objetivos de la calidad	
	Asegurarse que se utilizan los resultados de la revisión del sistema por la dirección para la mejora del sistema de gestión de las mediciones.	5.4 Revisión por la dirección	
Gestión de los recursos	Definir las responsabilidades y competencias del personal involucrado en el sistema de gestión de las mediciones. Asegurarse de que el personal adquiere las competencias necesarias.	6.1 Recursos humanos	Dirección de la función metrológica Técnicos de la función metrológica
	Asegurarse de que se establecen procedimientos documentados para recibir, manipular, transportar, almacenar y distribuir los equipos de medición.	6.3.1 Equipo de medición	
	Asegurarse de que documentan las condiciones ambientales requeridas para el funcinamiento eficaz de los procesos de medición.	6.3.2 Medición ambiente	
	Definir y documentar los requisitos para los productos y servicios que sean suministrados por proveedores del sistema de gestión de las mediciones.	6.4 Proveedores externos	
Procesos metrológicos operativos	Asegurarse de que se realizan los procesos de confirmación metrológica y de medición de forma controlada y eficaz.	7. Confirmación metrológica y realización de los procesos de medición	
	Asegurarse de que la incertidumbre de medio es estimada para cada proceso de medición y que los resultados de la medición sean trazables.	7.3 Incertidumbre de la medición y trazabilidad	
Medición, análisis y mejora	Planificar e implementar el seguimiento, análisis y mejora sel sistema de gestión de las mediciones.	8.1 Generalidades	
	Asegurarse de que se utiliza la auditoría, el seguimiento y otras técnicas apropiadas para determinar la adecuación y eficacia del sistema de gestión de las mediciones.	8.2 Auditorio y seguimiento	
	Planificar y gestionar la mejora continua, asegurando que se identifican y revisan las oportunidades de mejora de sistema de gestión de las mediciones.	8.4 Mejora	

?

Sabía que...

En las empresas existen departamentos o personas (dependiendo del volumen de la empresa) responsables que coordinan todo el sistema de calidad.

7. Resumen

La **metrología** es la ciencia encargada de estudiar los diferentes sistemas de medidas y de las unidades empleadas para ello. Abarca tres conceptos básicos:

- Magnitud física.
- Medidas. Serán inalterables, universales y sencillas.
- Unidades.

El proceso de verificación y control de medidas se aplica sobre superficies planas (mármol de ajustador, reglas de verificación, reloj comparador y nivel de comparación) y superficies cilíndricas (deformaciones por conicidad, deformaciones por ovalamiento y verificaciones del ovalamiento y la conicidad).

En la verificación de elementos de unión, la exactitud de la medición dependerá del tipo de herramienta empleada.

Para apreciar la medida del vástago del tornillo, se utilizará el pie de rey o el micrómetro. Las mediciones y comprobaciones de roscas se realizan con la ayuda del peine de rosca y visualmente.

Existen gran cantidad de tipos de roscas diferentes por lo que hay que conocerlas para evitar confusiones y no errar en la medición:

- Rosca métrica.
- Rosca Whitworth.
- Rosca interior.

- Roscas a derechas.
- Roscas a izquierdas.

Las verificaciones de longitud suelen ser las más empleadas en los talleres de fabricación. Para la verificación de longitudes se utiliza:

- El calibre o pie de rey.
- El micrómetro.

La elección de uno u otro dependerá del tipo de medición a realizar: exterior, interior o de profundidad, en la que se aconseja el calibre como norma general y para mediciones muy exactas, micrómetro. Las herramientas utilizadas para la medición de ángulos son los **goniómetros.**

Al hacer mediciones se debe tener en cuenta el concepto de incertidumbre o error de medición. Las anomalías más usuales son:

- Anomalías en las roscas.
- Anomalías en las soldaduras.
- Anomalías en las superficies planas.
- Anomalías en las superficies cilíndricas.

Existen unas hojas de control y anotaciones que se deben cumplimentar y que ayudan a extraer conclusiones para determinar las circunstancias en las que se producen piezas defectuosas.

En cuanto a la responsabilidad de la calidad, esta recae en todos los trabajadores de la empresa que deberán cumplimentar los documentos de calidad que tengan asignados. Estarán bajo la supervisión de un coordinador o responsable del sistema de calidad de la empresa.

Ejercicios de repaso y autoevaluación

1. ¿Qué son las magnitudes físicas?

a. Son las propiedades que poseen los elementos.
b. Son las propiedades que poseen los elementos en comparación con otros.
c. Son las unidades de medida de un elemento.
d. Son las características dimensionales de un elemento.

2. ¿Qué es una medición indirecta?

a. La realizada directamente sobre la pieza.
b. La realizada con un instrumento alternativo para realizar una comparación.
c. La que se realiza sin instrumentos de medición, es decir, por aproximación.
d. Son las resultantes al pasar de escala, es decir, de centímetros a milímetros.

3. ¿Qué es un alexómetro?

a. Es un instrumento de medición mayor que el metro.
b. Es un instrumento de medición menor que el metro.
c. Un instrumento de comprobación de superficies interiores cilíndricas.
d. Es un instrumento de comprobación de par de apriete.

4. ¿Con qué parte del calibre se realizará una medición de interiores?

a. Con las bocas de medición.
b. Con la varilla de profundidad.
c. Con el nonio.
d. Con las orejetas.

5. ¿Cuál es el primer paso a seguir para realizar una medición con un micrómetro?

a. Bloquear el tambor de medición.
b. Comprobar la puesta a 0.
c. Apretar el husillo actuando sobre el trinquete.
d. Desenroscar el husillo.

6. Se llama goniómetro a...

a. ... un aparato de comprobación de ángulos.
b. ... un aparato de medición muy preciso de hasta centésimas de milímetro.
c. ... un aparato de medición de grandes tamaños (de más de 10 m).
d. ... un palpador que se utiliza de ayuda junto con los micrómetros.

7. Realmente el valor de una magnitud es:

a. La obtenida con los instrumentos de medición.
b. La obtenida con instrumentos de medición de gran precisión, es decir, los que contemplan décimas de milímetro.
c. El valor más probable de la medición teniendo en cuenta la incertidumbre de la medida.
d. La realizada de forma comparativa, siempre que el elemento de medición esté calibrado.

8. Las causas de la incertidumbre pueden ser debidas a:

a. El instrumento de medida
b. El procedimiento de la medición.
c. Las condiciones ambientales.
d. Todas las opciones son correctas.

9. Las perforaciones en el material por soldaduras pueden ser debido a:

a. Una velocidad lenta de soldadura.
b. Baja intensidad de soldadura.
c. Un electrodo demasiado pequeño.
d. Falta de limpieza.

10. ¿Quiénes son los responsables en una empresa en lo que se refiere al sistema de calidad?

a. El gerente.
b. El trabajador.
c. El coordinador de calidad.
d. Todos los miembros de la empresa.

Bibliografía

Monografías

- FENOLL Castelló, J., SECO DE HERRERA Torregrosa, J. y BORJA Sendra, J. C.: *Técnicas de mecanizado para el mantenimiento de vehículos.* España: MAC MILLAN, 2010.
- FERRER, J. y DOMÍNGUEZ, E.J.: *Técnicas de mecanizado para el mantenimiento de vehículos.* Madrid: EDITEX, 2008.
- GALLARDO Rodríguez, F. L.: *Técnicas de mecanizado y metrología.* Antequera: IC Editorial, 2023.
- KALPAKJIAN, S. y SCHMID, S. R.: *Manufactura, ingeniería y tecnología, Quinta edición.* México: PEARSON EDUCACIÓN, 2008.
- MARTÍN, J., GÓMEZ, R., GARCÍA, J. y ÁGUEDA, E.: *Técnicas de mecanizado.* Madrid: THOMSON PARANINFO, 2022.
- ROLDÁN Viloria, J.: *Máquinas y herramientas. Procesos y cálculos mecánicos: Libro de taller.* Madrid: Editorial Paraninfo, 2023.
- SANCHO Ródenas, J.: *Técnicas De Fabricación (Instalación y Mantenimiento).* Madrid: Editorial Paraninfo, 2022.
- SEVILLA Hurtado, L. y MARTÍN Sánchez, M. J.: *Metrología dimensional, Segunda edición.* Málaga: SERVICIO DE PUBLICACIONES UNIVERSIDAD DE MÁLAGA – MANUALES, 2011.

Textos electrónicos, bases de datos y programas informáticos

Centro Español de Metrología, de: <https://www.cem.es/es>.